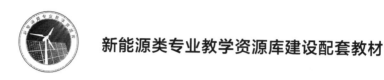

新能源类专业教学资源库建设配套教材

电气控制与PLC技术

王冬云　王宇红　主编

刘明玲　李会新　鲁妍　副主编

戴裕崴　主审

U0300770

化学工业出版社

·北京·

本教材按照高职院校教学改革和课程改革的要求，参考电气工程师岗位职业能力要求，以实际工作项目与典型工作案例为载体，以技能训练带动知识点的学习，着重职业能力、实践动手能力、解决实际问题的能力与自我学习的能力的提高。

　　本教材共设 10 个学习项目、25 个任务，参考教学时数为 60～84 学时。内容包括电动机的单向运行控制、电动机的正反转控制、电动机降压启动控制、应用 PLC 实现三相异步电动机的运转控制、机械手的 PLC 控制、除尘室及装配流水线的运行控制、变频器与 PLC 的联合调速、基于 PLC 的定位控制、S7-200PLC 网络通信实现、基于 PLC 的温度 PID 控制。

　　本教材适合电气自动化技术、机电一体化技术、新能源应用技术、光伏发电技术及应用、风力发电技术等专业的学生学习。

图书在版编目（CIP）数据

　　电气控制与 PLC 技术/王冬云，王宇红主编. —北京：化学工业出版社，2019.7
　　新能源类专业教学资源库建设配套教材
　　ISBN 978-7-122-34217-1

　　Ⅰ.①电… Ⅱ.①王…②王… Ⅲ.①电气控制-高等职业教育-教材②PLC 技术-高等职业教育-教材 Ⅳ.①TM571.2②TM571.6

　　中国版本图书馆 CIP 数据核字（2019）第 058287 号

责任编辑：刘　哲　　　　　　　　　　装帧设计：韩　飞
责任校对：张雨彤

出版发行：化学工业出版社（北京市东城区青年湖南街 13 号　邮政编码 100011）
印　　装：北京市白帆印务有限公司
787mm×1092mm　1/16　印张 11¾　字数 289 千字　2019 年 8 月北京第 1 版第 1 次印刷

购书咨询：010-64518888　　售后服务：010-64518899
网　　址：http://www.cip.com.cn
凡购买本书，如有缺损质量问题，本社销售中心负责调换。

定　　价：35.00 元

新能源类专业教学资源库建设配套教材

建设单位名单

天津轻工职业技术学院 (牵头单位)
佛山职业技术学院 (牵头单位)
酒泉职业技术学院 (牵头单位)

(以下按照汉语拼音排列)
包头职业技术学院
常州轻工职业技术学院
哈尔滨职业技术学院
湖南电气职业技术学院
兰州职业技术学院
乐山职业技术学院
秦皇岛职业技术学院
衢州职业技术学院

新能源类专业教学资源库建设配套教材

编审委员会成员名单

主 任 委 员：戴裕崴

副主任委员：李柏青　薛仰全　李云梅

主 审 人 员：刘　靖　唐建生　冯黎成

委　　　　员（按照姓名汉语拼音排列）

陈文明　陈晓林　戴裕崴

段春艳　方占萍　冯黎成

冯　源　韩俊峰　胡昌吉

黄冬梅　李柏青　李良君

李云梅　廖东进　林　涛

刘　靖　刘秀琼　皮琳琳

唐建生　王春媚　王冬云

王技德　薛仰全　张　东

张　杰　张振伟　赵元元

　　随着传统能源日益紧缺，新能源的开发与利用得到世界各国的广泛关注，越来越多的国家采取鼓励新能源发展的政策和措施，新能源的生产规模和使用范围正在不断扩大。《京都议定书》签署后，新的温室气体减排机制将进一步促进绿色经济以及可持续发展模式的全面进行，新能源将迎来一个发展的黄金年代。

　　当前，随着中国的能源与环境问题日趋严重，新能源开发利用受到越来越高的关注。新能源一方面可以作为传统能源的补充，另一方面可以有效降低环境污染。我国新能源开发利用虽然起步较晚，但近年来也以年均超过25％的速度增长。自《可再生能源法》正式生效后，政府陆续出台一系列与之配套的行政法规和规章来推动新能源的发展，中国新能源行业进入发展的快车道。

　　中国在新能源和可再生能源的开发利用方面已经取得显著进展，技术水平已有很大提高，产业化已初具规模。

　　新能源作为国家加快培育和发展的战略性新兴产业之一，国家已经出台和即将出台的一系列政策措施，将为新能源发展注入动力。随着投资光伏、风电产业的资金、企业不断增多，市场机制不断完善，"十三五"期间光伏、风电企业将加速整合，我国新能源产业发展前景乐观。

　　2015年根据教育部教职成函【2015】10号文件《关于确定职业教育专业教学资源库2015年度立项建设项目的通知》，天津轻工职业技术学院联合佛山职业技术学院和酒泉职业技术学院以及分布在全国的10大地区、20个省市的30个职业院校，建设国家级新能源类专业教学资源库，得到了24个行业龙头、知名企业的支持，建设了18门专业核心课程的教育教学资源。

　　新能源类专业教育教学资源库开发的18门课程，是新能源类专业教学中应用比较广、涵盖专业知识面比较宽的课程。18本配套教材是资源库海量颗粒化资源应用的一个方面，教材利用资源库平台，采用手机APP二维码调用资源库中的视频、微课等内容，充分满足学生、教师、企业人员、社会学习者时时、处处学习的需求，大量的资源库教育教学资源可以通过教材的信息化技术应用到全国新能源相关院校的教学过程，为我国职业教育教学改革做出贡献。

戴裕崴

2017 年 6 月 5 日

"电气控制与 PLC 技术"是电气自动化技术、机电一体化技术、新能源应用技术、光伏发电技术及应用、风力发电技术、城市轨道交通控制等专业的基础核心课程。本教材设计是根据高职院校的培养目标，按照高职院校教学改革和课程改革的要求，参考电气工程师岗位职业能力要求，以实际工作项目与典型工作案例为载体，以工作过程为导向组织学习内容，以技能训练带动知识点的学习，使学生在完成工作任务的过程中掌握专业知识，在动手实践过程中形成岗位技能。

本教材设计着重于学生职业能力、实践动手能力、解决实际问题的能力与自我学习的能力的培养。通过学习，使学生具备识别、检测和选用低压电器的能力，装配、调试、设计简单电气控制线路的能力，用 PLC 改造传统的继电接触器、接触器控制系统的能力，以及安装、调试、分析 PLC 及变频器系统故障的能力。

本教材共设 10 个学习项目、25 个任务，参考教学时数为 60～84 学时。项目一至项目三讲述了继电接触器——接触器传统电气控制方式，参考学时为 24 学时；项目四至项目七介绍了 PLC 梯形图编程、顺序控制指令、功能指令，为 PLC 与变频器应用技术的基础必修部分，参考学时为 36 学时；项目八至项目十分别描述 PLC 的三个应用，为 PLC 技术的提高部分，参考学时为 24 学时。各院校可根据实际课时与硬件条件选学。

本教材与新能源类教学资源库配合使用，与其动画、视频、电子书资源有机结合形成多维度教材，资源库学习网址 http：//qgzyk．36ve．com/。以学习者身份注册选择"电气控制与 PLC"课程，可浏览更丰富的学习资源。本教材配有二维码，可以即扫即学。本教材配套 PPT 课件可在 www．cipedu．com．cn 免费下载使用。

本教材由秦皇岛职业技术学院王冬云任第一主编，负责确定教材编写体例和统稿工作，并负责编写项目四。王宇红为第二主编，负责编写项目一。刘明玲、李会新、鲁妍为副主编，分别负责编写项目三、项目五、项目六，项目二由王宇红、汪志佳共同编写，项目七由张顺星编写，项目八由张维平、孙美玲共同编写，项目九由首钢京唐钢铁联合有限公司翟世宽、张建刚共同编写，项目十由赵文蕾编写。张寅、陈仕华、郭勇、王海英、李媛媛参与编写部分案例。本教材由天津轻工职业技术学院戴裕崴任主审，确定设计思想与质量掌控。

书中的疏漏和不妥，恳请读者批评指正。

编　者
2019 年 3 月

项目一

电动机的单向运行控制

你知道吗?

生产机械的运动大都是由电动机拖动的,日常生活中,大至重型机械,小至小型玩具,都有电动机的踪迹。在本项目中,将通过电动机的单向运行控制电路,学习电动机控制的相关知识。

知识目标

① 认识常用低压电器。
② 掌握电气识图与分析的方法。
③ 掌握电路的常用保护措施。

技能目标

① 能正确选择、合理使用低压电气元件。
② 能绘制、分析电气原理图。
③ 能完成简单电路的装配、调试。
④ 能根据电气原理图和故障现象,确定故障范围、分析故障原因。

任务一 电动机点动控制电路实现

【任务描述】

在机床刀架、横梁、立柱等快速移动和机床对刀等场合,常常需要短暂地开停车,如按下按钮，电动机就启动运转，松开按钮，电动机就停止运转，这种运动方式即为点动。那么如何实现这种"一点就动，松开不动"的点动运转方式呢？

【相关知识】

低压电器是指工作在直流 1500V、交流 1200V 以下的各种电器，其作用是接通和断开电路，以达到控制、调节、转换和保护目的。

低压电器是电力拖动自动控制系统的基本组成元件，控制系统的优劣与所用低压电器直接相关。电气技术人员必须熟悉常用低压电器的原理、结构、型号、规格和用途，并能正确选择、使用与维护。

一、自动空气开关

自动空气开关又称低压断路器，是低压配电网络和电力拖动系统中非常重要的一种电器，除能完成接通和分断正常负载电流以外，还能分断短路电流，通常用于不频繁操作的低压配电线路或作为电气开关柜中的电源开关使用，并可以对线路、电气设备及电动机等实现保护作用，当电路发生严重过载、短路、断相、漏电等故障时，能够自动切断电路，起到保护作用。

自动空气开关的特点是结构紧凑、安装方便、操作安全，动作后不需要更换元件，电流值可随时调整，工作可靠，运行安全，安装使用方便。在电力拖动控制系统中，常用的低压断路器是 DZ 系列塑壳式断路器。

自动空气开关的工作原理如图 1-1 所示。图中自动空气开关的三副主触头串联在被控制的三相电路中，当按下接通按钮时，外力使锁扣克服反力弹簧的斥力，将固定在锁扣上面的动触头与静触头闭合，并由锁扣锁住搭钩，使开关处于接通状态。正常分断电路时，按下停止按钮即可。自动空气开关的外形见图 1-2。

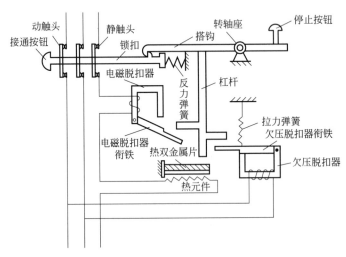

图 1-1　自动空气开关工作原理示意图

自动空气开关的自动分断是由电磁脱扣器、欠压脱扣器和热元件使搭钩被杠杆顶开而完成的。电磁脱扣器的线圈和主电路串联，当线路正常时，所产生的电磁吸力不能将衔铁吸合，只有当电路发生短路或产生很大的过电流时，其电磁吸力才能将衔铁吸合，撞击杠杆，顶开搭钩，使触头断开，从而将电路分断。

图 1-2　自动空气开关外形图

　　欠压脱扣器的线圈并联在主电路上，当线路电压正常时，欠压脱扣器产生的电磁吸力能够克服弹簧的拉力而将衔铁吸合。如果线路电压降到某一值以下，电磁吸力小于弹簧的拉力，衔铁被弹簧拉开，衔铁撞击杠杆使搭钩顶开，则触头分断电路。

　　当线路发生一般性过载时，过载电流不能使电磁脱扣器动作，但能使热元件产生一定的热量，促使双金属片受热向上弯曲，推动杠杆使搭钩与锁扣脱开，将主触头分断。

二、熔断器

　　熔断器在电气控制系统中主要起短路保护作用。使用时，熔断器串接在被保护的电路中，在正常情况下相当于一根导线。当通过熔断器的电流大于规定值时，以其自身产生的热量使熔体熔化而自动分断电路，从而起到保护电气设备的作用。熔断器主要由熔体和底座组成。

　　(1) 常用的熔断器

　　① RC 系列插入式熔断器　如图 1-3 所示，它结构简单，外形小，具有较好的保护性。它常用于 380V 及以下电压等级的线路末端，作为配电支线或电气设备的短路保护。

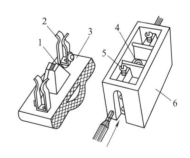

图 1-3　RC 系列插入式熔断器

1—熔丝；2—动触头；3—瓷盖；4—空腔；5—静触头；6—底座

　　② RL 系列螺旋式熔断器　如图 1-4 所示，熔体的上端盖有一熔断指示器，一旦熔体熔断，指示器马上弹出，可透过瓷帽上的玻璃孔观察到。它常用于机床电气控制设备中。螺旋式熔断器分断电流较大，可用于电压等级 500V 及其以下、电流等级 200A 以下的电路中，作短路保护。螺旋式熔断器在使用时需注意，下接线座接电源进线，上接线座接电源出线，这样可以避免更换熔断管时发生触电危险。

　　③ 封闭式熔断器　封闭式熔断器被分为有填料熔断器 RT 系列和无填料熔断器 RM 系列两种。有填料熔断器一般为方形瓷管，内装石英砂及熔体，分断能力强，用于电压等级 500V 以下、电流等级 1kA 以下的电路中。无填料密闭式熔断器将熔体装入密闭式圆筒中，

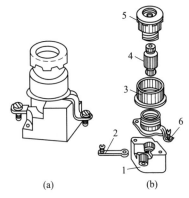

(a)　　　　　　　　(b)

图 1-4　RL 系列螺旋式熔断器

1—磁座；2—下接线座；3—磁套；4—熔断管；5—磁帽；6—上接线座

分断能力稍小，用于 500V 以下、600A 以下电力网或配电设备中。

④ RS 系列快速熔断器　它主要用于半导体整流元件或整流装置的短路保护。由于半导体元件的过载能力很低，只能在极短时间内承受较大的过载电流，因此要求短路保护具有快速熔断的能力。快速熔断器的结构与有填料封闭式熔断器基本相同，但熔体材料和形状不同，它是以银片冲制的有 V 形深槽的变截面熔体。

⑤ RZ 系列自复熔断器　采用金属钠作熔体，在常温下具有高电导率。当电路发生短路故障时，短路电流产生高温，使钠迅速气化，气态钠呈现高阻态，从而限制了短路电流。当短路电流消失后，温度下降，金属钠恢复原来良好的导电性能。自复熔断器只能限制短路电流，不能真正分断电路。其优点是不必更换熔体，能重复使用。

（2）熔断器的图形和文字符号

熔断器的图形和文字符号，如图 1-5 所示。

图 1-5　熔断器的图形和文字符号

（3）熔断器的选用

主要是选择熔体额定电流，选用方法如下：

① 对于负载电流比较平稳的照明或电阻炉之类的阻性负载进行短路保护时，应使熔体的额定电流等于或稍大于线路的正常工作电流；

② 用于保护一台电动机，应考虑躲过电动机启动电流的影响，一般选择熔体额定电流为电动机额定电流的 1.5～3.5 倍；

③ 用于给多台电动机供电的主干线做短路保护，在出现尖峰电流时不应该熔断，通常将其中容量最大的电动机启动，同时其余电动机均正常运行时出现的电流作为尖峰电流，熔体电流可按下式计算：

熔体电流≥(1.5～2.5)×最大容量电动机的额定电流＋其余所有电动机额定电流之和

三、按钮

按钮是一种手动且一般可以自动复位的主令电器。一般情况下它不直接控制主电路的通断，主要利用按钮开关远距离发出手动指令或信号去控制接触器、继电器等电器，再由它们去控制主电路；也可用于电气联锁等线路中。

按钮开关的结构外形和文字符号如图 1-6 所示。按钮开关一般是由按钮帽、复位弹簧、桥式动触点、静触点、外壳及支柱连杆等组成。按钮根据静态时分合状况，可分为常开按钮

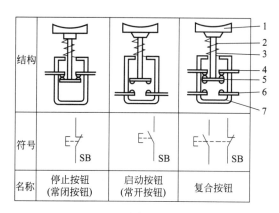

结构			
符号	E-7 SB	E- SB	E- SB
名称	停止按钮 （常闭按钮）	启动按钮 （常开按钮）	复合按钮

图 1-6　按钮开关的结构外形和文字符号

1—按钮帽；2—复位弹簧；3—连杆；4—常闭触点；5—桥式动触点；6—常开触点；7—外壳

（启动按钮）、常闭按钮（停止按钮）及复合按钮（常开、常闭组合一体）。通常新选用的按钮规格为额定电压 500V，允许持续电流为 5A。按钮的颜色分为红、绿、黑、黄以及白、蓝等几种，供不同场合选用。全国统一设计的按钮型号为 LA25 系列，其他常用的有 LA2、LA10、LA18、LA19、LA20 等系列。

四、接触器

接触器是一种自动控制电器，用来自动地、频繁地、远距离地接通或断开大容量的交直流负载。接触器具有欠电压（或失压）保护性能，因此它在电力拖动与自动控制系统中是应用最多的控制电器之一。

接触器按照其触头通过电流的种类，可以分为交流接触器 CJ 型和直流接触器 CZ 型两种。

（1）交流接触器的结构和工作原理

常用的交流接触器由电磁机构、触点系统和灭弧装置组成，如图 1-7 所示。

电磁机构是由静铁芯、线圈、衔铁组成。触点根据用途不同分为主触点和辅助触点两种。主触点是由三个常开触点组成，用以通断电流较大的主电路。辅助触点用以通断电流较小的辅助电路。常开和常闭触点是成对出现的。交流接触器的灭弧方法，常采用半封闭式绝缘栅片陶土灭弧罩。

交流接触器的工作原理是：当电磁线圈通电后，产生磁场，使静铁芯产生足够的吸力，克服反作用弹簧与动触点压力弹簧片的反作用力，将衔铁吸合，同时带动传动杠杆，使动触点和静触点的状态发生变化，三个主触头闭合，同时其常开辅助触点闭合，常闭辅助触点断开。当电磁线圈断电时，电磁吸力消失，衔铁与动触点在弹簧反作用下迅速复位，辅助常闭触点首先断开，接着辅助常开触点闭合。

（2）交流接触器的图形和文字符号

图 1-8 所示，分别是交流接触器的线圈、主触点、辅助常开触点和辅助常闭触点的图形和文字符号。

（3）交流接触器与直流接触器的异同

直流接触器的结构及工作原理与交流接触器基本相同，都是由电磁机构、触头系统和灭弧装置组成。但也有区别，其主要不同点是：直流接触器因无交变磁场，在铁芯中不会产生

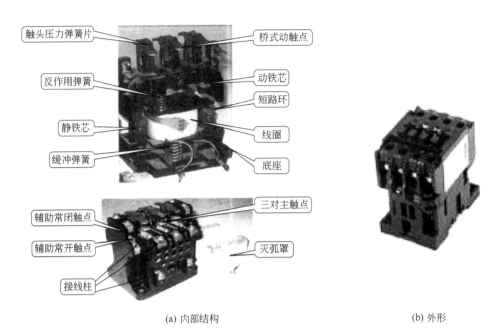

　触头压力弹簧片　　　　　桥式动触点

　反作用弹簧　　　　　动铁芯
　　　　　　　　　　　短路环
　静铁芯　　　　　　　线圈
　缓冲弹簧　　　　　　底座

　辅助常闭触点　　　　三对主触点
　辅助常开触点　　　　灭弧罩
　接线柱

(a) 内部结构　　　　　　　　　　(b) 外形

图 1-7　CJ10 型交流接触器的外形和内部结构

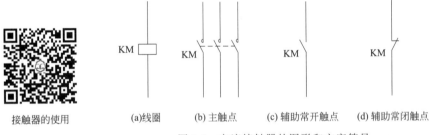

接触器的使用　　(a)线圈　(b)主触点　(c)辅助常开触点　(d)辅助常闭触点

图 1-8　交流接触器的图形和文字符号

涡流，故电磁铁芯采用整块软钢制成，也不需要装短路环，而交流接触器为了减小涡流和磁滞损耗，电磁铁芯采用硅钢片叠压而成；直流接触器的线圈匝数比交流线圈多，电阻大，电流流过时会发热，为使线圈散热良好，通常将线圈做成长而薄的圆筒状；直流接触器的主触点一般做成单极或双极，而交流接触器的主触点是三极的。

（4）交流接触器与中间继电器的异同

中间继电器也是一种电磁式低压电器，其动作原理同交流接触器一样，均由电磁机构和触点系统组成。当接触器的触点不能满足需要时，通常用中间继电器来代替，增加线路触点的容量。但是中间继电器因为不需断开大电流电路，故触点均用无灭弧装置的桥式触点。中间继电器的触点对数较多，但没有主辅之分，各对触点允许通过的额定电流大小是一样的，对于额定电流不超过 5A 的电动机，也可用它来代替接触器使用。中间继电器的文字符号是KA，如图 1-9 所示。

五、热继电器

热继电器是利用电流流过热元件时产生的热效应使双金属片弯曲而推动传动机构动作的一种电器，主要用于电动机或其他电气设备、电气线路的过载保护、断相保护的保护电器。

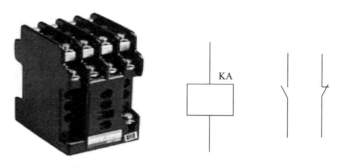

图 1-9　中间继电器的外形和文字符号

电动机在实际运行中，如拖动生产机械进行工作过程中，若机械出现不正常的情况或电路异常，使电动机遇到过载，则电动机转速下降，绕组中的电流将增大，使电动机的绕组温度升高。若过载电流不大且过载时间较短，电动机绕组不超过允许温升，这种过载是允许的。但若过载时间长，过载电流大，电动机绕组的温升就会超过允许值，使电动机绕组老化，缩短电动机的使用寿命，严重时甚至会使电动机绕组烧毁。为了避免这种情况发生，电动机的电气控制常利用热继电器对电路进行过载保护。热继电器就是利用电流的热效应原理，在出现电动机不能承受的过载时切断电动机电路，为电动机提供过载保护。

（1）热继电器的结构和工作原理

热继电器工作原理如图 1-10 所示。若电动机出现过载情况，绕组中电流增大，通过热继电器的电流增大，使双金属片温度升得更高，弯曲程度加大，推动导杆，导杆推动常闭触头，使触点断开，从而断开交流接触器线圈电路，使接触器释放，切断电动机的电源，电动机停车而得到保护。

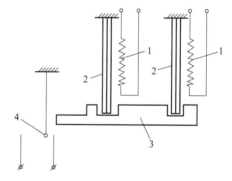

（2）带断相保护装置的热继电器

三相异步电动机在发生一相断电时，另外两相电流增大，会将电动机烧毁。如果用上述

图 1-10　热继电器的工作原理示意图
1—热元件；2—双金属片；3—导板；4—触点

热继电器保护的电动机是 Y 接法，在发生断相时另外两相电流增大，由于相电流等于线电流，流过电动机绕组的电流和流过热继电器的电流增加比例相同，因此用普通热继电器就能起到保护的作用。但是三相异步电动机在选择热继电器时，需注意应选用热元件是三极的热继电器。

如果电动机绕组是△接法，发生断相时，相电流和线电流不相同，流过绕组的电流和流过热继电器的增加比例也不相同。在电动机绕组内部，电流较大的那一相绕组的故障电流超过额定电流，可能将电动机烧毁，但热继电器这时还不能动作，这时就需要带断相保护的热继电器来进行断相保护了。

（3）热继电器的符号

热继电器的外形和符号如图 1-11 所示。

热继电器的使用

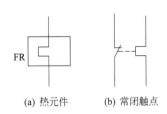

(a) 热元件   (b) 常闭触点

图 1-11 热继电器的符号和外形

【任务实施】

步骤一 电路组成

在实际应用中，生产机械常需要点动控制，如平面磨床砂轮的上升和下降；铣床工作台的快速进给等。点动控制的要求为：按下点动启动按钮时，常开触点接通电动机启动控制线路，电动机工作；松开按钮后，由于按钮自动复位，常开触点断开，切断了电动机的控制线路，电动机停转。图 1-12 所示是常见的三相异步电动机的点动控制电路。

电气控制线路分为主电路和控制电路两个部分。主电路如图 1-12 (a) 所示，是从电源到电动机流过大电流的电路；控制电路如图 1-12 (b) 所示，主要由继电器和接触器的线圈、接触器的辅助触点等元器件组成。

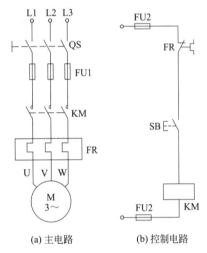

(a) 主电路   (b) 控制电路

图 1-12 点动控制线路

步骤二 工作过程分析

合上 QS→按下 SB→接触器 KM 线圈得电→KM 主触点闭合→电动机 M 通电启动运行。

松开按钮 SB→接触器 KM 线圈断电→KM 主触点断开→电动机 M 失电停机。

像这种按下按钮，电动机就得电运转；松开按钮，电动机就失电停转的控制方法，就称为点动控制。电动葫芦的起重电动机和车床拖板箱快速移动电动机，都是采用点动控制方式。

任务二 电动机连续运行控制电路实现

【任务描述】

在机车运转、车床切削、水泵抽水等场合，常要求电动机启动后能连续运行，采用点动控制是不可行的。为了实现电动机的连续运转，可采用接触器自锁的单向连续控制电路。

【相关知识】

一、基本电气图的识读

电气控制系统由多种低压电器、电动机或其他电气设备组成。这种由接触器、继电器及按钮等组成的控制系统，称为继电器-接触器控制系统。为了分析该系统各种电器的工作情况和控制原理，电路需按规定的图形和文字符号表示，这种图形叫电气图。

电气图中的各种电器和电动机等电气元件，都用国家标准局规定的图形和文字符号表示。1990 年开始全面使用，可参照 GB 4728—2008《电气图形符号》和 GB 7159—2007《电气技术中的文字制订通则》的规定，这些图形符号以"象形表示"为主。

继电器-接触器控制电气图可分为原理图、接线图和安装图。原理图中的各种电器及部件都不是按照实际位置绘制，而是根据控制的基本原理和要求分别绘在电路图中各个相应的位置，以表明各电器件的电路联系，便于分析控制线路原理。接线图和安装图用于维修及安装，一般需画出各种电气元件的位置及相互关系。本节仅介绍电气原理图。

通常把电气原理图的整个电路分为主电路和控制电路两部分。主电路是从电源进线到电动机的大电流连接电路，如刀开关、接触器主触点、电动机等；控制电路是对主电路中各电气部件的工作情况进行控制、保护、监测等小电流电路，如接触器和继电器线圈（直接串联于主电路的电流继电器除外）及其辅助触点、按钮等有关控制电器。

为便于识图和分析，有必要先了解绘制原理图的一些原则。

① 主电路用粗实线绘制（因流过大电流），控制电路用细实线绘制（因流过小电流）。有时为了简捷，也不刻意用粗、细线条来区分了。主电路一般画在左侧（或上方），控制电路画在右侧（或下方）。

② 原理图中，对有直接电联系的交叉导线连接点，要用小黑点表示，无直接电联系的交叉导线连接点则不画小黑圆点。

③ 原理图中，各种电动机、电器等电气元件必须用国家统一规定的 GB 4728—2008 和 GB 7159—2007 图形和文字符号画出。

④ 原理图中，各电气元件不按它们的实际位置画在一起，而是按其线路中所起作用分画在不同电路中，但它们的动作却是相互关联的，必须标以相同的文字符号。

⑤ 图中各电气元件的图形均以正常未通电或无外力作用时的状态表示。如按钮 SB 表示未按下时的状态，对接触器而言，其图形符号则表示线圈未通电、衔铁未吸合时触点所处的状态。

⑥ 原理图中无论是主电路还是控制电路，各电气元件一般均按动作的先后顺序由上到下、从左到右依次排列，故识图时也需要遵循此顺序。

识图前，还应该对生产工艺的基本要求有一个细致的了解，尤其对机、电、气、液控制配合密切的机械，有时单凭电气原理图往往掌握不了其动作原理。识图时要先看主电路，后看控制电路。识图的原则是自上而下、自左到右的顺序。当一个电器动作后，应逐一找出它的主、辅触点分别接通或断开了哪些电路，或为哪些电路的工作做准备。利用这种方法，来理清它们之间的逻辑顺序。此外，还需关注电路中还有哪些保护环节。

二、三相异步电动机结构

异步电动机是把交流电能转变为机械能的一种动力机械。它结构简单，制造、使用和维护简便，成本低廉，运行可靠，效率高，因此在工农业生产及日常生活中得以广泛应用。三相异步电动机被广泛用来驱动各种金属切削机床、起重机、中、小型鼓风机、水泵及纺织机械等。

异步电动机主要由定子和转子两部分组成，这两部分之间由气隙隔开。根据转子结构的不同，分成笼型和绕线型两种。图 1-13 为三相笼型异步电动机的结构。

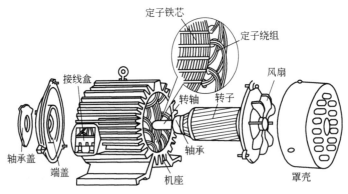

图 1-13 三相笼型异步电动机的结构

（1）定子

定子由定子铁芯、定子绕组和机座三部分组成。

定子铁芯是电动机磁路的一部分，由厚 0.5mm、两面涂有绝缘漆的硅钢片叠成，在其内圆冲有均匀分布的槽，如图 1-14 所示，槽内嵌放三相对称绕组。定子绕组是电动机的电路部分，用铜线缠绕而成。三相绕组根据需要可接成星（Y）形和三角（△）形，由接线盒的端子板引出。机座是电动机的支架，一般用铸铁或铸钢制成。

（2）转子

转子由转子铁芯、转子绕组和转轴三部分组成。

转子铁芯也是由厚 0.5mm、两面涂有绝缘漆的硅钢片叠成，在其外圆冲有均匀分布的槽，如图 1-15 所示，槽内嵌放转子绕组，转子铁芯装在转轴上。

图 1-14 定子铁芯冲片

图 1-15 转子铁芯冲片

笼型转子绕组的结构与定子绕组不同，转子铁芯各槽内都嵌有铸铝导条（个别电动机有用铜导条的），端部由短路环短接，形成一个短接回路。去掉铁芯，形如一笼子，如图 1-16 所示。

绕线型转子绕组的结构与定子绕组相似，在槽内嵌放三相绕组，通常为 Y 形连接，绕组的三个端线接到装在轴上一端的三个滑环上，再通过一套电刷引出，以便与外电路相连，如图 1-17 所示。

转轴由中碳钢制成，其两端由轴承支撑着，用来输出转矩。

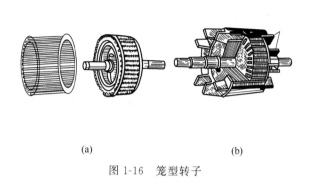

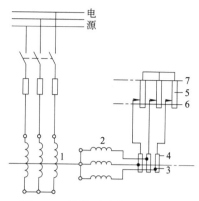

图 1-16　笼型转子

图 1-17　绕线型异步电动机接线

1—定子绕组；2—转子绕组；3—滑环；4—电刷；
5—可变电阻；6—启动装置；7—运行位置

三、三相异步电动机的铭牌和技术数据

铭牌的作用是简要说明这台设备的一些额定数据和使用方法，因此看懂铭牌，按照铭牌的规定去使用设备，是正确使用这台设备的先决条件。

如一台三相异步电动机铭牌数据如下：

三相异步电动机					
型号	Y160M-6	功率	7.5kW	频率	50Hz
电压	380V	电流	17A	接法	△
转速	970r/min	绝缘等级	B	工作方式连接	
年　月		编号		××电机厂	

说明如下。

① 型号　是为了便于各部门业务联系和简化技术文件对产品名称、规格、型式的叙述等而引用的一种代号，由汉语拼音字母、国际通用符号和阿拉伯数字三部分组成。

如：

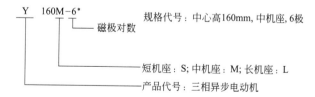

各类型电动机的主要产品代号意义摘录于表 1-1 中。

表 1-1　三相异步电动机产品代号

产品名称	产品代号	代号汉字意义	老产品代号
三相异步启动机	Y	异	J、JO
绕线式三相异步电动机	YR	异绕	JR、JRO
三相异步电动机（高启动转矩）	YQ	异启	JQ、JQO
多速三相异步电动机	YD	异多	JD、JDO
隔爆型三相异步电动机	YB	异爆	JBO、JBS

本型号为中、小型三相异步电动机，对大型异步电动机的规格代号表示情况略有不同。

② 额定功率 P_N　指电动机在额定状况下运行时，转子轴上输出的机械功率，单位为 kW。

③ 额定电压 U_N　指电动机在额定运行情况下，三相定子绕组应接的线电压值，单位为 V。

④ 额定电流 I_N　指电动机在额定运行情况下，三相定子绕组的线电流值，单位为 A。

三相异步电动机额定功率、电流、电压之间的关系为

$$P_N = \sqrt{3}U_N I_N \cos\varphi_N \eta_N \tag{1-1}$$

对 380V 低压异步电动机，其 $\cos\varphi_N$ 和 η_N 的乘积在 0.8 左右，代入上式得

$$I_N \approx 2P_N \tag{1-2}$$

由式（1-2）可估算额定电流值。

⑤ 额定转速 n_N　指额定运行时电动机的转速，单位为 r/min。

⑥ 额定频率 f_N　我国电网频率为 50Hz，故国内异步电动机频率均为 50Hz。

⑦ 接法　电动机定子三相绕组有 Y 形连接和 △ 形连接两种，如图 1-18 所示。Y 系列电动机功率在 4kW 及以上均接成 △ 形连接。绕组的接线标志如表 1-2 所示。

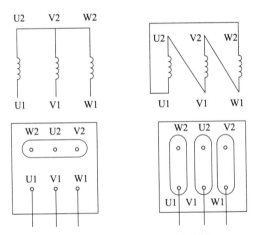

图 1-18　三相异步电动机的接线

表 1-2　Y 系列三相异步电动机接线端标志

首端	U1	V1	W1
末端	U2	V2	W2

⑧ 温升及绝缘等级　温升是指电动机运行时绕组温度允许高出周围环境温度的数值。允许高出数值的多少由该电动机绕组所用绝缘材料的耐热程度决定，绝缘材料的耐热程度称为绝缘等级，不同绝缘材料，其最高允许温升是不同的。中、小电动机常用的绝缘材料分五个等级，如表 1-3 所示，其中最高允许温升值是按环境温度 40℃ 计算出来的。

表 1-3　绝缘材料温升限值

绝缘等级	A	E	B	F	H
最高允许温度/℃	105	120	130	155	180

⑨ 工作方式　为了适应不同的负载需要，按负载持续时间的不同，国家标准把电动机分成了三种工作方式：连续工作制、短时工作制和断续周期工作制。

除上述铭牌数据外，还可由产品目录或电工手册中查得其他一些技术数据，如一台 Y160M-6 电动机，其技术数据如下：

型号	额定功率 /kW	额定电压 /V	满载时				启动电流 额定电流	启动转矩 额定转矩	最大转矩 额定转矩	转动惯量 /(kg·m²)	重量 /kg
			定子电流 /A	转速 /(r/min)	效率 /%	功率因数					
Y160M-6	7.5	380	17	970	86	0.78	6.5	2.0	2.0	0.0881	119

【任务实施】

步骤一　电路组成

最简单的单向直接启动控制电路莫过于用刀开关 QS 控制。电源的接通和断开是通过人们操作刀开关来实现的。此电路结构简单、经济，但由于刀开关的控制容量有限，仅适用于不频繁启动的小容量电动机（通常 $P_1 \leqslant$ 5.5kW），如车间的三相电风扇、砂轮机等常用这种控制电路。采用刀开关 QS 控制电路的弱点，就是无法实现遥控和自控。大部分三相电动机的控制，还是采用交流接触器来实现。

从点动到长动

图 1-19 的主电路由刀开关 QS、熔断器 FU、交流接触器 KM、主触点及三相异步电动机的定子绕组组成。控制电路由启动按钮 SB2、停止按钮 SB1 和接触器 KM 辅助常开触点组成。

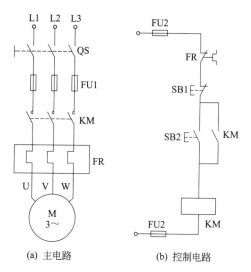

(a) 主电路　　　　(b) 控制电路

图 1-19　单向连续运行控制线路

步骤二　工作过程分析

（1）线路工作过程

启动时，闭合刀开关 QS，接通三相电源。

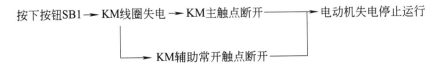

按下按钮SB2 → KM线圈得电 → KM主触点闭合 ─────┐
　　　　　　　　　　　　　　　　　　　　　　　　　　　├→ 电动机接通电源启动运行
　　　　　　　└→ KM辅助常开触点闭合(自锁) ──────┘

当松开按钮 SB2 后，因为接触器 KM 的辅助常开触点已经闭合，将常开按钮 SB2 短接，控制电路仍保持接通，所以接触器 KM 继续得电，电动机 M 实现连续运转。

像这种松开启动按钮后，接触器或继电器通过自身常开触点而使线圈继续保持得电的作用叫做自锁。与启动按钮并联的常开触点称为自锁触点。

按下按钮SB1 → KM线圈失电 → KM主触点断开 ─────┐
　　　　　　　　　　　　　　　　　　　　　　　　　　　├→ 电动机失电停止运行
　　　　　　　└→ KM辅助常开触点断开 ──────────┘

（2）线路的保护设置

① 短路保护　由熔断器 FU1、FU2 分别实现主电路和控制电路的短路保护。

② 过载保护　由热继电器 FR 实现电动机的长期过载保护。当电动机出现长期过载时，热继电器动作，串接在控制电路中的常闭触点断开，切断 KM 线圈电路，使电动机脱离电源，实现过载保护。

③ 欠电压和失电压保护　此种保护由接触器自身的电磁机构来实现。当电源电压严重过低或失压时，接触器的衔铁自行释放，电动机失电而停机。当电源电压恢复正常时，接触器线圈不能自动得电，只有再次按下启动按钮 SB2 后电动机才会启动，防止突然断电后的来电，造成人身和设备的伤害。

此电路不仅能实现电动机频繁启动，还能实现远距离的自动控制，是最常用的简单控制线路。

步骤三　电路安装

① 认真读图，熟悉所用电气元件及其作用，配齐电路所用元件，进行检查。

② 准备工具：测电笔、万用表、尖嘴钳、剥线钳、电工刀、兆欧表等及导线若干。

③ 元器件的技术数据（如型号、规格、额定电压、额定电流），应完整并符合要求，外观无损伤，备件、附件齐全完好。

电动机单向运行
电路通前的检测

④ 对元器件进行检测。

⑤ 对电动机的质量进行常规检查。

⑥ 整体布局，规范接线。

步骤四　检测与调试

① 通电之前先用万用表进行断电检测，检测无误再通电试车。

② 将三相电源接入控制开关，经检查合格后通电试车。

③ 观察电动机通电后的现象，听电动机工作的声音，结合电路判断该现象是否正确，如不正确，断电后分析检测。

温馨提示

电气线路连接完以后不可盲目通电，要先用兆欧表测电动机的绝缘电阻。应用万用表检测电路，没有问题才能通电试车。

【项目评价】

评价项目	项目内容	评分标准	分值	自我评价	小组评价	教师评价
操作技能	通电前检测	检测方法正确	15			
	通电试车	操作准确无误	10			
	故障检修	能确定故障范围和故障原因	15			
工艺标准	元件布局	布置合理、美观、走线合理	10			
	布线	横平竖直、走线槽	10			
安全文明意识与操作	操作是否符合安全操作规程	不符合安全操作规程一次扣1分,发生短路得0分	10			
	工具使用	工具运用不符合岗位要求,一次扣1分	5			
职业素养	出勤情况	无迟到、早退,有事请假	10			
	纪律	听从指挥、认真做事	5			
	工位整理	工位整洁	5			
	团队协作精神	相互协助,相互配合	5			

【练习与思考】

1.1 判断图1-20所示各种控制电路是否正确? 为什么?

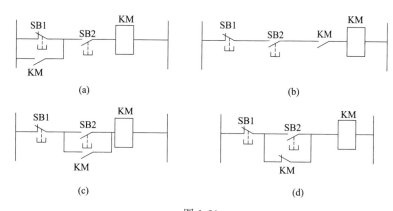

(a)　　　　　　　　(b)

(c)　　　　　　　　(d)

图 1-20

1.2 M1为笼型异步电动机,要求其单向运行,既可实现点动控制,也可以联动控制,设计其控制电路。

1.3 熔断器在电气控制线路中有何用途? 如何选择?

1.4 按钮由哪几部分组成? 启动按钮在接线时应选择常开触点还是常闭触点?

1.5 交流接触器与直流接触器有何区别?

1.6 在电动机的主电路中装有熔断器,为什么还要装热继电器? 能否用热继电器替代熔断器起保护作用?

电动机正反转电路实现

你知道吗?

生产实践中,许多生产机械往往要求运动部件能正反向两个方向运动,例如,工作台的前进与后退、起重机吊钩的上升和下降、电梯的上行和下行等,这都是电动机的正反转电路实现的。在本项目中,将学习电动机的正反转是如何实现的。

知识目标

① 掌握电动机正反转工作原理。
② 掌握互锁的概念和作用。

技能目标

① 能按要求绘制各类正反转电路。
② 能完成正反转电路的装配、调试。
③ 具有对电气控制线路和电气故障分析及排除的能力。

任务一 电动机正反转控制电路的实现

【任务描述】

工地上,起重机在不停地忙碌,操作人员按动上升或下降按钮,将厚重的钢板吊起,到合适的地方再放下,而上升与下降是由一台电动机的正反转实现的。那么如何实现对电动机的正反转控制呢?

【相关知识】

改变电动机定子绕组的三相电源相序，即把接入电动机的三相电源进线中的任意两相对调，电动机即可反转。电动机正反转控制电路，实质上是两个方向相反的单向运行控制电路的组合。

转换开关（组合开关）

组合开关实质上也是一种刀开关，不过它的刀片是转动的。它由装在同一根轴上的单个或多个单极旋转开关叠装在一起组成，有单极、双极、三极和多极结构，根据动触片和静触片的不同组合，有许多接线方式。图 2-1 所示为常用的 HZ10 系列组合开关。

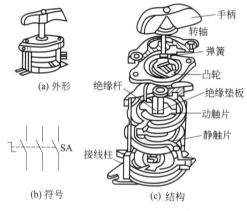

图 2-1　HZ10 系列组合开关

它有三个静触片，每个触片的一端固定在绝缘垫板上，另一端伸出盒外，连在接线上；三个动触片套在装有手柄的绝缘轴上。转动手柄就可将三个触点同时接通或断开。组合开关常用在交流 50Hz、380V 和直流 220V 以下的电源引入开关，5kW 以下电动机的直接启动和正反转控制，以及机床照明电路中的控制开关。图 2-2 是各类组合开关实物图。

图 2-2　各类组合开关实物图

【任务实施】

步骤一　用组合开关控制电动机正反转电路

图 2-3（a）为直接操作组合开关（倒顺开关）实现电动机正反转的电路。因转换开关无灭弧装置，所以仅适用于电动机容量为 5.5kW 以下的控制电路。在操作过程中，使电动机由正转到反转，或由反转到正转时，应将手柄扳至"停止"位置，并稍加停留，这样可以避免电动机由于突然反接造成很大的冲击电流，防止电动机过热而烧坏。对于容量大于 5.5kW 的电动机，可用图 2-3（b）所示的控制电路进行控制。它是利用倒顺开关来改变电动机相序，预选电动机旋转方向，而由接触器 KM 接通与断开电源，控制电动机的启动与停止。由于采用接触器通断负载，可实现过载保护和失压与欠压保护。

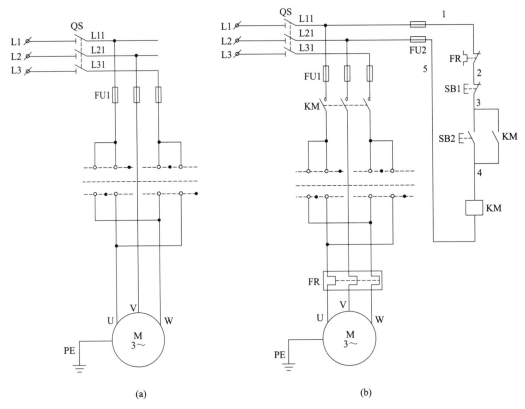

(a)　　　　　　　　　　(b)

图 2-3　用组合开关控制的电动机正反转电路

步骤二　用接触器控制电动机正反转电路

三相电动机正反转

用两个接触器也可以实现电动机正反转的电源相序，如图 2-4（a）所示。接触器 KM1 的主触点闭合，电动机正转，KM2 的主触点闭合，电动机反转。若两个接触器同时工作，就有两根电源线被主触点短接，出现相间短路，所以对于正反转控制电路的最基本要求，就是两个接触器不能同时得电，因此要对两个接触器加设联锁机构。根据电动机正反转操作顺序的不同，可分为"正—停—反"和"正—反—停"两种控制电路。

（1）电动机"正—停—反"控制电路

图 2-4 所示为三相异步电动机正反转控制电路。图中（b）为电动机"正—停—反"控

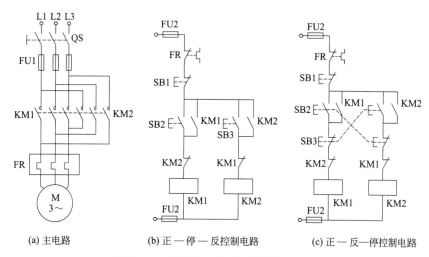

(a) 主电路 (b) 正—停—反控制电路 (c) 正—反—停控制电路

图 2-4 三相异步电动机正反转控制电路

制电路，主电路中 KM1、KM2 分别为实现正反转接触器的主触点。为防止两个接触器同时得电而导致电源短路，利用两个接触器的常闭触点 KM1、KM2 分别串接在对方的工作线圈电路中，构成相互制约关系，以保证电路安全可靠地工作。这种相互制约的关系称为"联锁"，也称"互锁"。实现联锁的常闭辅助触点称为联锁（或互锁）触点。

电动机正转工作过程分析如下：

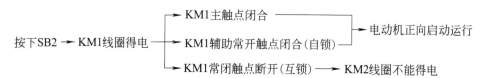

图 2-4（b）要实现反转控制时，必须首先按下停止按钮 SB1，使 KM1 线圈失电，KM1 的常闭触点闭合，KM1 的常开触点断开，电动机不转停止工作后，才能进行反向操作。因此它是"正—停—反"控制电路。

电动机反转工作过程分析如下：

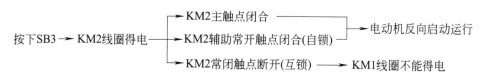

（2）电动机"正—反—停"控制电路

在有些生产工艺中，希望能直接实现正反转的变换控制。由于电动机正转时，若按下反转按钮，首先应断开正转接触器线圈电路，待正转接触器释放后（KM1 的常闭触点复位后），才能接通反转接触器，为此可以采用两个复合按钮来实现，其控制电路如图 2-4（c）所示。在这个电路中既有接触器的互锁，也有按钮的互锁。

正转启动按钮 SB2 的辅助常开触点用来使正转接触器 KM1 的线圈得电，SB2 常闭触点串接在 KM2 线圈的电路中。当电动机正向运行时，按下 SB3，首先其常闭触点断开，把正转电路 KM1 切断，然后 SB3 按钮的常开触点闭合，接通 KM2 线圈，使电动机反转工作，这样就直接实现了"正—反—停"控制。

正反转断电检测

步骤三　电路安装

① 认真读图，熟悉所用电气元件及其作用，配齐电路所用元件，进行检查。

② 准备工具：测电笔、万用表、尖嘴钳、剥线钳、电工刀、兆欧表等及导线若干。

③ 元器件的技术数据（如型号、规格、额定电压、额定电流）应完整并符合要求，外观无损伤，备件、附件齐全完好。

④ 对元器件进行检测。

⑤ 对电动机的质量进行常规检查。

⑥ 整体布局，规范接线。

正反转电路通电试车

步骤四　检测与调试

① 通电之前先用万用表进行断电检测，检测无误再通电试车。

② 将三相电源接入控制开关，经教师检查合格后通电试车。

③ 观察电动机通电后的现象，听电动机工作的声音，结合电路判断该现象是否正确，如不正确，断电后分析检测。

任务二　自动往返正反转控制电路的实现

【任务描述】

在生产过程中，一些生产机械运动部件的行程或位置要受到限制。例如，在天车电路中，为了防止天车走到两端时发生意外坠落，会设有行程开关；有些生产机械的工作台要求在一定范围内自动往返，以便实现对工件的连续加工，提高生产效率。那么，电动机是如何实现自动往返正反转控制的？

【相关知识】

行程开关又称位置开关或限位开关，是一种很重要的小电流主令电器。行程开关是利用生产设备某些运动部件的机械位移而碰撞位置开关，使其触头动作，将机械信号变为电信号，接通、断开或变换某些控制电路的指令，借以实现对机械的电气控制要求。这类开关常被用来限制机械运动的位置或行程，使运动机械按一定位置或行程自动停止、反向运动或自动往返运动等。行程开关按运动形式分为直动式和转动式。JLXK1系列行程开关的外形如图2-5所示。

（1）结构和工作原理

直动式行程开关与按钮类似，只是它的动作是由运动部件的撞块来碰撞行程开关的推杆，当压动到一定位置时，推动开关迅速动作，使常开触点或常闭触点动作。其优点是结构简单、成本较低，缺点是触点的分合速度取决于撞块移动速度。如果撞块的移动速度太慢，特别容易产生电弧而灼伤触头，使触头的使用寿命降低，也影响动作的可靠性及行程控制的位置精确度。

行程开关动作后，复位方式有自动复位和非自动复位两种。图 2-5（a）、（b）所示的按钮式和单轮旋转式开关均为自动复位式，即当挡铁移开后，在复位弹簧的作用下，行程开关的各部分能自动恢复原始状态。图 2-5（c）所示的双轮旋转式行程开关在动作后却不能自动复位。当挡铁碰压行程开关的一个滚轮时，杠杆转动一个角度后触点动作，但挡铁离开后，开关不能自动复位，只有运动机械反向移动，挡铁反方向碰压另一滚轮时，触点才能复位。

（2）行程开关的图形和文字符号

如图 2-6 所示，自动复位和非自动复位的行程开关，都采用同样的图形和文字符号。

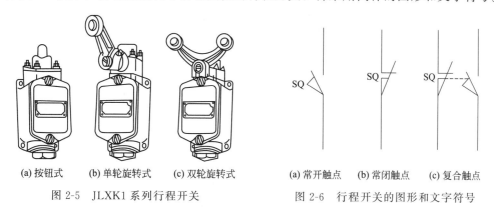

图 2-5　JLXK1 系列行程开关

图 2-6　行程开关的图形和文字符号

【任务实施】

步骤一　电路组成

在实际应用中，有些生产机械的工作台需要自动往复运动，如龙门刨床、导轨磨床等。这种控制通常需要用行程开关来实现，利用行程开关检测往返运动的相对位置，进而控制电动机的正反转来实现电动机的自动往返。当运行到某一规定位置时，通过行程开关的转变对电路的控制，改变生产机械的运行状态。

行程开关的使用

注意：本控制电路选用的是自动复位的行程开关。

图 2-7（a）所示为机床工作台往复运动示意图。行程开关 SQ1、SQ2 分别固定安装在

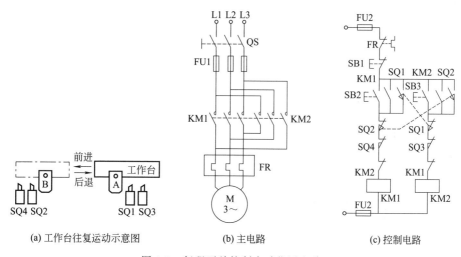

(a) 工作台往复运动示意图　　(b) 主电路　　(c) 控制电路

图 2-7　行程开关控制自动往返电路

机床上，反映运动的原位与终点。挡铁 A、B 固定在工作台上，SQ3、SQ4 为正、反向极限保护用行程开关。

步骤二　工作过程分析

启动控制，闭合刀开关 QS，接通三相电源。

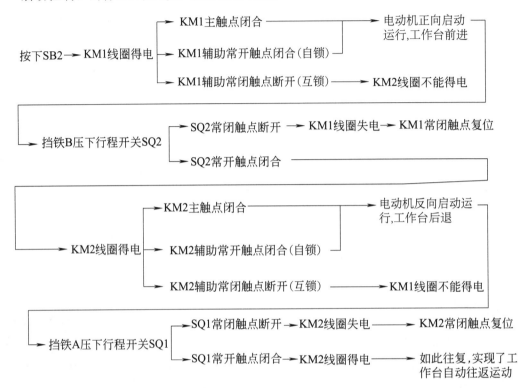

停止时：按下 SB1→KM1 或 KM2 线圈失电→电动机断电，工作台停止工作。

电路中，SB3 的作用是工作台进行后退操作的按钮，工作台先后退操作的过程同先前进的过程相似，可自行分析。SQ3、SQ4 的作用是：如果换向行程开关 SQ1、SQ2 失灵而无法实现，则由 SQ3 或 SQ4 来实现极限保护，避免运动部件因超出极限位置而发生故障。

行程控制是机械设备自动化和生产过程自动化中应用最广泛的控制方法之一。

步骤三　电路安装

① 认真读图，熟悉所用电气元件及其作用，配齐电路所用元件，进行检查。

② 准备工具：测电笔、万用表、尖嘴钳、剥线钳、电工刀、兆欧表等及导线若干。

③ 元器件的技术数据（如型号、规格、额定电压、额定电流）应完整并符合要求，外观无损伤，备件、附件齐全完好。

④ 对元器件进行检测。

⑤ 对电动机的质量进行常规检查。

⑥ 整体布局，规范接线。

步骤四　检测与调试

① 通电之前先用万用表进行断电检测，检测无误再通电试车。

② 将三相电源接入控制开关，检查合格后通电试车。

③ 观察电动机通电后的现象，听电动机工作的声音，结合电路判断该现象是否正确。如不正确，断电后分析检测。

温馨提示

在电气控制电路图中，为便于安装与检修，常常使用回路标号，即在回路上标记的文字和数字符号。标注采用从上到下、从左到右的标注方式，标号1在最上方，每经过一个元件电气触点，标号递增，回路上不同元件的相同连接点以等电位原则标注。

【项目评价】

评价项目	项目内容	评分标准	分值	自我评价	小组评价	教师评价
操作技能	通电前检测	检测方法正确	15			
	通电试车	操作准确无误	10			
	故障检修	能确定故障范围和故障原因	15			
工艺标准	元件布局	布置合理、美观，走线合理	10			
	布线	横平竖直，走线槽	10			
安全文明意识与操作	操作是否符合安全操作规程	不符合安全操作规程，一次扣1分，发生短路得0分	10			
	工具使用	工具运用不符合岗位要求，一次扣1分	5			
职业素养	出勤情况	无迟到、早退，有事请假	10			
	纪律	听从指挥，认真做事	5			
	工位整理	工位整洁	5			
	团队协作精神	相互协助，相互配合	5			

【练习与思考】

2.1 如何改变电动机的转向？

2.2 接触器正反转控制线路有何优缺点？

2.3 什么叫互锁？其作用是什么？

2.4 自动往返电路为什么多了两个行程开关？为什么这两个行程开关只接了常闭触点而没接常开触点？

2.5 倒顺开关控制的正反转适合什么情况？

项目三

电动机降压启动控制

你知道吗?

日常生活中三相异步电动机启动时存在两对矛盾:一是电动机直接启动时,启动电流比较大,而电网受启动电流冲击的能力有限;二是异步电动机启动时启动转矩小,而生产机械的启动又要求电动机要有足够大的启动转矩。所以不是所有的电动机都可以使用直接启动(全压启动)的。

为了解决这一矛盾,根据异步电动机的结构形式不同、容量大小不同、电网容量和负载对转矩要求不同,可以选择不同的启动方法。

在本项目中,将完成笼式异步电动机 Y-△降压启动和绕线式异步电动机转子回路串电阻启动控制。

知识目标

① 理解时间继电器、钳形电流表相关知识。

② 掌握时间继电器、钳形电流表的使用方法。

技能目标

① 能够根据任务要求选择低压电器元件。

② 能够分析电动机电气控制电路。

③ 能够根据电路图,连接电动机电气控制电路,利用仪表和工具对常出现的故障进行分析和维护。

任务一 笼式异步电动机 Y-△ 降压启动的控制

【任务描述】

在本任务中，通过通电时间继电器和接触器的作用，实现三相笼型异步电动机的 Y-△ 启动。能够绘制、分析 Y-△ 降压启动电气控制线路，并完成装配、检测、调试。

【相关知识】

（1）时间继电器

时间继电器是一种利用电磁原理或机械动作原理，实现触点延时接通或断开的自动控制电器。其种类很多，常用的有电磁式、空气阻尼式、电动式和晶体管式等，如图 3-1 所示。

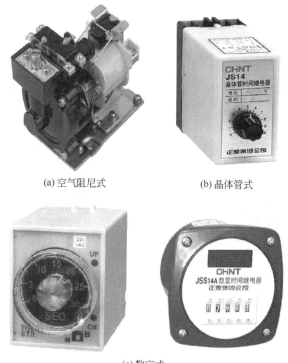

(a) 空气阻尼式　　　　　　(b) 晶体管式

(c) 数字式

图 3-1　时间继电器

（2）时间继电器的分类

按动作原理与构造，时间继电器有电磁式、空气阻尼式、电动式、晶体管式及数字式等类型。按延时方式，可分为通电延时型时间继电器和断电延时型时间继电器。通电延时型时间继电器是当加入输入信号后，其延时触点经过一段时间才动作，常开触点闭合，常闭触点断开；而当输入信号后消失后，其触点立即复原。断电延时型时间继电器是当加入输入信号后，其触点立即动作；而当输入信号后消失后，其延时触点经过一段时间后才复原。

下面介绍 JS7-A 系列空气阻尼式时间继电器。空气阻尼式时间继电器是利用气囊中空气通过小孔节流的原理获得延时动作的。根据触点延时的特点，它可以分为通电延时动作与断电延时复位两种。JS7-A 系列时间继电器外形及结构如图 3-2 所示，由电磁系统、触点、气室及传动机构等组成，电磁系统由线圈、铁芯、衔铁、反力弹簧组成。触点有瞬时触点和延时触点。气室内有一块橡皮薄膜，随空气的增减而移动，气室上面的螺钉可调节延时长短。传动机构由推板、活塞杆、杠杆及宝塔形弹簧组成。

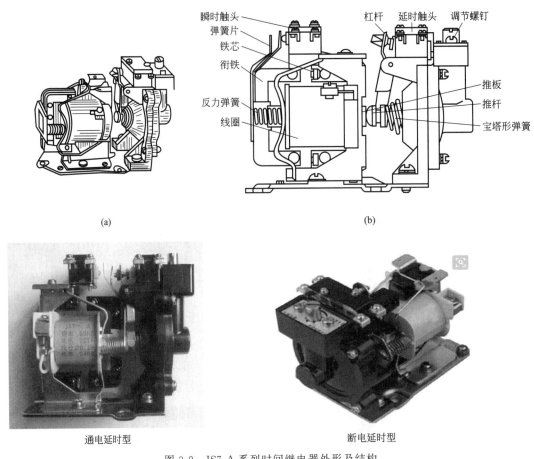

(a)　　　　　　　　　　　　　　　　(b)

通电延时型　　　　　　　　　　　断电延时型

图 3-2　JS7-A 系列时间继电器外形及结构

通电延时型时间继电器工作原理如图 3-3（a）所示。图示为线圈未通电、衔铁未吸合的状态，此时活塞杆被压下，宝塔形弹簧受压，空气室内的橡皮膜被压下，微动开关处于未受压的状态。

当线圈通电时，衔铁立即吸合，推板压动微动开关，使瞬时触点动作，但活塞杆不能立即上移，空气从气孔进入空气室橡皮膜片的下方，空气压力逐渐增大，在活塞杆和宝塔形弹簧的作用下带动活塞及橡皮膜慢慢上移，橡皮膜上部的空气从空气室排出。当活塞杆上移到一定位置时，杠杆压动微动开关使其延时触点动作。

空气阻尼式时间继电器，既具有由空气室中的气动机构带动的延时触点，也具有由电磁机构直接带动的瞬动触点，可以做成通电延时型，也可做成断电延时型。电磁机构可以是直流的，也可以是交流的。断电延时型时间继电器工作原理如图 3-3（b）所示，读者可自行分析。

（3）时间继电器的图形符号和文字符号

时间继电器的图形符号和文字符号如图 3-4 所示。

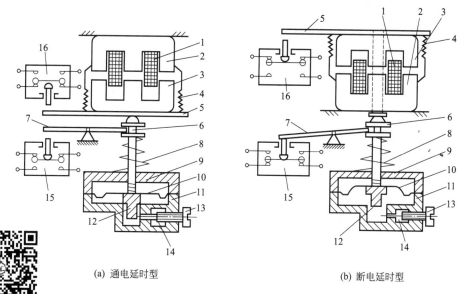

(a) 通电延时型　　　　　　　　　　　　(b) 断电延时型

图 3-3　JS7-A 系列时间继电器工作原理图

1—线圈；2—铁芯；3—衔铁；4—反力弹簧；5—推板；6—活塞杆；7—杠杆；

8—宝塔形弹簧；9—弱弹簧；10—橡皮膜；11—空气室壁；12—活塞；13—调节螺钉；

15—微动开关（延时触点）；16—微动开关（瞬时触点）

空气阻尼式
时间继电器

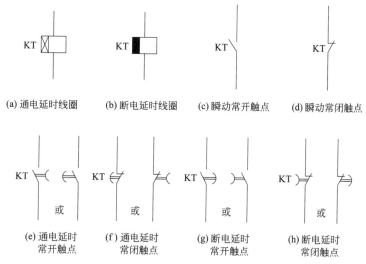

(a) 通电延时线圈　　(b) 断电延时线圈　　(c) 瞬动常开触点　　(d) 瞬动常闭触点

(e) 通电延时
常开触点　　(f) 通电延时
常闭触点　　(g) 断电延时
常开触点　　(h) 断电延时
常闭触点

图 3-4　时间继电器的图形符号和文字符号

（4）时间继电器的型号及含义

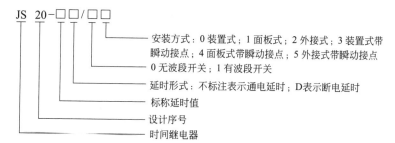

安装方式：0 装置式；1 面板式；2 外接式；3 装置式带
瞬动接点；4 面板式带瞬动接点；5 外接式带瞬动接点

0 无波段开关；1 有波段开关

延时形式：不标注表示通电延时；D 表示断电延时

标称延时值

设计序号

时间继电器

空气阻尼式时间继电器特点：结构简单，价格低廉，延时范围为 0.4～180s。缺点：延时误差较大，难以精确地整定延时时间。

【任务实施】

电子式时间继电器
的使用

步骤一　笼式异步电动机 Y-△ 降压启动控制电路设计

星形-三角形（Y-△）降压启动是指电动机启动时，把定子绕组接成星形，以降低启动电压，减小启动电流；待电动机启动后，再把定子绕组改接成三角形，使电动机全压运行。Y-△降压启动只能用于正常运行时为△形接法的电动机。

步骤二　笼式异步电动机 Y-△ 降压启动工作原理

三相异步电动机
星-角降压启动

图 3-5 为时间继电器控制笼式异步电动机 Y-△ 降压启动控制电路。合上电源开关 QS，按下启动按钮 SB2，KM1 通电吸合并自锁，同时 KM3、KT 通电吸合，电动机接成 Y 形进行降压启动。当电动机的转速接近额定转速时，KT 延时动作，其常闭触头断开，常开触头闭合，使得 KM3 线圈断电，KM2 线圈通电吸合并自锁，电动机由星形切换成三角形正常运行，KT 断电 Y-△ 降压启动结束。停止工作时按下停止按钮 SB1。

步骤三　安装与试车

① 认真识读时间继电器控制笼式异步电动机 Y-△ 降压启动控制电路图，熟悉电路工作原理、所用电气元件及其作用，配齐电路所用元件，进行检查。

② 准备工具：测电笔、万用表、尖嘴钳、剥线钳、电工刀、兆欧表等及导线若干。

③ 元器件的技术数据（如型号、规格、额定电压、额定电流）应完整并符合要求，外观无损伤，备件、附件齐全完好。

④ 用万用表检查电磁线圈的通断情况以及各触点的分合情况。

⑤ 检查交流接触器电磁机构动作是否灵活，有无衔铁卡阻等不正常现象，线圈额定电压与电源电压是否一致。

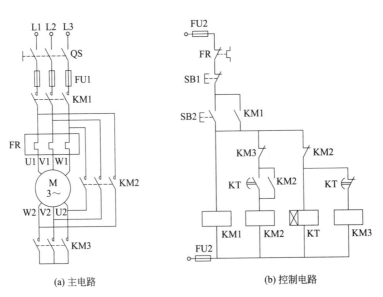

(a) 主电路　　　　　　　　　　(b) 控制电路

图 3-5　时间继电器控制笼式异步电动机 Y-△ 降压启动控制电路

⑥ 检查时间继电器的瞬时触点、延时触点是否动作正常。

⑦ 对电动机的质量进行常规检查。

⑧ 将所用电气元件贴上醒目标号。

⑨ 将三相电源接入控制开关，经检查合格后通电试车。

任务二　绕线式异步电动机转子回路串电阻启动控制

【任务描述】

　　三相笼式异步电动机转子由于结构原因无法外串电阻启动，只能在定子中采用降低电源电压启动，但通过分析，不论采用哪种降压启动方法，虽降低了启动电流，但启动转矩减少得更多，只能适用于空载或轻载启动。在生产实际中，对于一些在重载下启动的生产机械（如起重机、皮带运输机、球磨机等），或需要频繁启动的电力拖动系统，三相笼式异步电动机就无法解决了。这时三相绕线式异步电动机可在转子回路中通过电刷和滑环串入一适当电阻，既可减小启动电流，又可增大启动转矩。在本任务中，通过时间继电器和接触器的作用，逐级切除转子回路的电阻，实现绕线式异步电动机的启动。

【相关知识】

一、绕线式异步电动机转子串电阻分级启动特性

　　绕线式异步电动机转子串电阻分级启动电路图和机械特性，如图 3-6 所示。转子电路串接 3～4 级 Y 形连接的三相启动电阻，再通过电刷和转子绕组连接。启动过程如下。

　　① 合上电源开关 QS，转子绕组串入全部启动电阻，电动机的工作点由 a 点开始沿机械特性曲线 4 上移，电动机转速由零开始上升，启动转矩逐渐减小。

　　② 为了缩短启动时间，到达 b 点时，接触器 KM1 触点闭合，将启动电阻 R_{st1} 切除，此

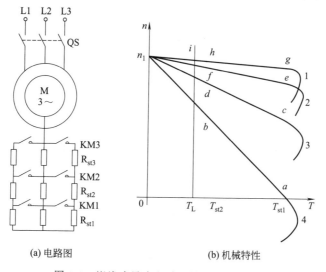

(a) 电路图　　　　　　　　　　(b) 机械特性

图 3-6　绕线式异步电动机转子串电阻启动

时电动机电流增大，转矩立即增大到 T_{st1}，但由于机械惯性，使转速还没来得及改变，即工作点过渡到 c 点，并沿特性曲线 3 上移，电动机进一步加速。

③ 同理，电动机运行至 d 点，接触器 KM2 触点闭合，切除 R_{st2}，至动点 e；再闭合 KM3，切除 R_{st3}，最后电动机运行在固有机械特性曲线 1 上，工作点直到 i 点，$T = T_L$，启动结束，投入稳定运行。

二、钳形电流表的使用

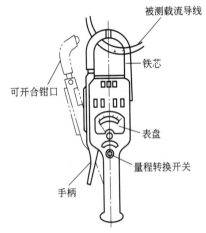

图 3-7　互感器式钳形电流表结构

钳形电流表使用方便，无需断开电源和线路即可直接测量运行中电气设备的工作电流，便于及时了解设备的工作状况。缺点：准确度不高，只有 2.5 和 5.0 两级。

互感器式钳形电流表构造如图 3-7 所示，由电流互感器和整流磁电系电流表组成。电流互感器的铁芯呈钳口形，当紧握钳形电流表的把手时，其铁芯张开，将通有被测电流的导线放入钳口中。松开把手后铁芯闭合，通有被测电流的导线相当于电流互感器的一次侧，于是在二次侧就会产生感应电流，并送入整流磁电系电流表，测出电流数值。

使用钳形电流表应注意以下问题。

(1) 测量前注意事项

① 根据被测电流的种类和电压等级正确选择钳形电流表，被测线路的电压要低于钳形电流表的额定电压。

② 测量高压线路的电流时，应选用与其电压等级相符的高压钳形电流表。低电压等级的钳形电流表只能测低压系统中的电流，不能测量高压系统中的电流。

③ 使用前要正确检查钳形电流表的外观情况。一定要检查表的绝缘性能是否良好，外壳应无破损，手柄应清洁干燥。

④ 若指针没在零位，应进行机械调零。钳形电流表的钳口应紧密接合，若指针抖晃，可重新开闭一次钳口，如果抖晃仍然存在，应仔细检查，注意清除钳口杂物、污垢，然后进行测量。

⑤ 钳形电流表要接触被测线路，所以钳形电流表不能测量裸导体的电流。

⑥ 用高压钳形表测量时，应由两人操作。

⑦ 测量时应戴绝缘手套，站在绝缘垫上，不得触及其他设备，以防止短路或接地。

(2) 测量时注意事项

① 在使用时应按紧扳手，使钳口张开，将被测导线放入钳口中央，然后松开扳手并使钳口闭合紧密。钳口的结合面如有杂声，应重新开合一次，仍有杂声，应处理结合面，以使读数准确。

② 不可同时钳住两根导线。读数后，将钳口张开，将被测导线退出，将挡位置于电流最高挡或 OFF 挡。

③ 根据被测电流大小选择合适的钳形电流表的量程。选择的量程应稍大于被测电流数值。若无法估计，为防止损坏钳形电流表，应从最大量程开始测量，逐步变换挡位直至量程

合适。严禁在测量进行过程中切换钳形电流表的挡位。换挡时，应先将被测导线从钳口退出，再更换挡位。

④ 测量小于 5A 以下电流时，为使读数更准确，在条件允许时，可将被测载流导线绕数圈后放入钳口进行测量。此时被测导线实际电流值应等于仪表读数值除以放入钳口的导线圈数。

⑤ 测量时应注意身体各部分与带电体保持安全距离，低压系统安全距离为 0.1~0.3m。测量高压电缆各相电流时，电缆头线间距离应在 300mm 以上，且绝缘良好，待认为测量方便时，方能进行。观测表计时，要特别注意保持头部与带电部分的安全距离，人体任何部分与带电体的距离不得小于钳形表的整个长度。

⑥ 测量低压可熔保险器或水平排列低压母线电流时，应在测量前将各相可熔保险或母线用绝缘材料加以保护隔离，以免引起相间短路。

⑦ 当电缆有一相接地时，严禁测量，防止出现因电缆头的绝缘水平低发生对地击穿爆炸而危及人身安全。

（3）测量后注意事项

测量结束后，钳形电流表的开关要拨至最大量程挡，以免下次使用时不慎过流，并应保存在干燥的室内。

【任务实施】

步骤一 转子回路串电阻启动控制电路设计

三相绕线式异步电动机可以通过滑环在转子绕组中串接电阻，以达到减小启动电流、提高转子电路的功率因数和增加启动转矩的目的，适用于重载启动。

绕线式异步电动机
转子串电阻启动

在启动前，启动电阻全部接入电路，随着启动过程的结束，启动电阻被逐段地短接。图 3-8 是依靠时间继电器自动短接启动电阻的控制电路。转子回路三段启动电阻（R1、R2、R3）的短接是依靠三个时间继电器 KT1、KT2、KT3 及三个接触器 KM1、KM2、KM3 的相互配合来实现的。

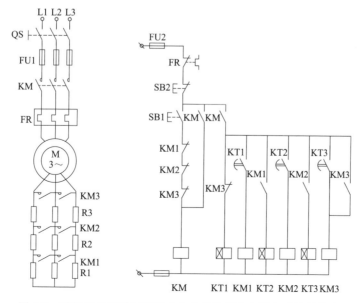

图 3-8 时间继电器控制绕线式电动机转子串电阻启动控制线路

步骤二　绕线式电动机转子回路串电阻启动控制工作原理

启动时，合上电源开关 QS，按下启动按钮 SB1，接触器 KM 得电吸合并自锁，电动机串接全部电阻启动。接着时间继电器 KT1 线圈通电，经一定延时后 KT1 常开触点闭合，使 KM1 线圈通电吸合，KM1 主触头闭合，将电阻 R1 短接，电动机加速运行，同时 KM1 的辅助常开触头闭合，使时间继电器 KT2 线圈通电。经一定时间后，KT2 常开触点闭合，使 KM2 线圈通电吸合，KM2 主触头闭合，将电阻 R2 短接，电动机继续加速，同时 KM2 的辅助常开触头闭合，使时间继电器 KT3 线圈通电。经一定时间后，KT3 常开触点闭合，使 KM3 线圈通电吸合并自锁，KM3 主触头闭合，将电阻 R3 短接。至此，全部启动电阻被短接，于是电动机进入稳定运行状态，同时 KM3 的辅助常闭触点断开，使 KT1 断电，依次使 KM1、KT2、KM2、KT3 失电。接触器 KM1、KM2、KM3 的辅助常闭触点串接在 KM 线圈电路中，其目的是保证只有当上述接触器全部都在断电状态，即电动机必须在转子电阻全部接入情况下，方能进行启动。按下停止按钮 SB2，KM1、KM3 线圈断电，电动机停止。

步骤三　安装与试车

① 识读时间继电器控制绕线式电动机转子串电阻启动控制线路，明确电路所用电气元件及作用，熟悉电路工作原理，熟悉所用电气元件及其作用，配齐电路所用元件，进行检查。

② 准备工具：测电笔、万用表、尖嘴钳、剥线钳、电工刀、兆欧表等及导线若干。

③ 元器件的技术数据（如型号、规格、额定电压、额定电流）应完整并符合要求，外观无损伤，备件、附件齐全完好。

④ 用万用表检查电磁线圈的通断情况以及各触点的分合情况。

⑤ 检查交流接触器电磁机构动作是否灵活，有无衔铁卡阻等不正常现象，线圈额定电压与电源电压是否一致。

⑥ 检查时间继电器的瞬时触点、延时触点是否动作正常。

⑦ 对电动机的质量进行常规检查。

⑧ 将所用电气元件贴上醒目标号。

⑨ 将三相电源接入控制开关，经检查合格后通电试车。

> **温馨提示**
>
> 电路出现故障进行检修时，利用万用表欧姆挡排除故障，一定要先切断电源。

【项目评价】

姓名		学号		总成绩		
考核项目	考核点			考核人		得分
				教师	队友	
个人素质考核（15%）	学习态度与自主学习能力					
	团队合作能力					
电气元件基础知识（10%）	结合电路正确选择低压电器元件					
	利用工具和仪表检测常用低压电器元件					
实践操作能力（25%）	电气识图、设备运行、安装、调试与维护					
	电气产品生产现场的设备操作、产品测试和生产管理					

续表

考核项目	考核点	考核人		得分
		教师	队友	
职业能力(20%)	电气识图、设备运行、安装、调试与维护			
	电气产品生产现场的设备操作、产品测试和生产管理			
方法能力(20%)	独立学习能力、获取新知识能力			
	决策能力、制定实施工作计划的能力			
社会能力(10%)	公共关系处理能力与劳动组织能力			
	集体意识、质量意识、环保意识、社会责任心			

【练习与思考】

3.1　下列电器中不能实现短路保护的是（　　　）。

　　A. 熔断器　　　　　　　B. 热继电器　　　　　　C. 空气开关　　　D. 过电流继电器

3.2　热继电器过载时双金属片弯曲是由于双金属片的（　　　）。

　　A. 机械强度不同　　　B. 热膨胀系数不同　　　C. 温差效应　　　D. 以上都不是

3.3　选择下列时间继电器的触头符号填在相应的括号内。

　　A.　　　　　　　B.　　　　　　　C.　　　　　　　D.

　　通电延时闭合的触点为（　　　）；断电延时闭合的触点为（　　　）。

3.4　三相异步电动机 Y-△ 降压启动时，其启动转矩是全压启动转矩的（　　　）倍。

　　A. $\dfrac{1}{3}$　　　　　　　B. $\dfrac{1}{\sqrt{3}}$　　　　　　　C. $\dfrac{1}{2}$　　　　　　　D. 不能确定

3.5　Y-△ 降压启动特点是什么？

3.6　电动机的启动电流很大，当电动机启动时，热继电器会不会动作？为什么？

3.7　何为热继电器的整定电流？如何调节？热继电器的热元件和触头在电路中如何连接？

应用PLC实现三相异步电动机的运转控制

你知道吗?

自动化生产机械大部分都采用三相异步电动机作为原动机来拖动机械实现运转。三相异步电动机的传统继电器控制方式，接线复杂，维修困难，线路调试麻烦。本项目主要介绍由 PLC 替代传统继电器控制方式，重点介绍三相异步电动机的单向运行控制、正反转运行控制和星-角降压启动控制。

知识目标

① 掌握 S7-200 PLC 硬件结构及基本功能。

② 掌握 PLC 循环扫描的工作方式。

③ 熟悉 PLC 的定时器的应用。

技能目标

① 掌握 S7-200 PLC 的接线方法。

② 掌握简单 PLC 控制系统的分析与设计方法。

③ 掌握梯形图的编制方法。

任务一 应用 PLC 实现电动机单向连续运转控制

【任务描述】

应用 CPU226 CN AC/DC/RLY 作为控制器，完成电动机单向连续运行的控制。按下启动按钮，电动机单相连续运转；按下停止按钮，电动机停止运转。要求完成：I/O 表的设计，外部接线图的设计，电气控制盘的配置，程序的编制与系统调试工作。

【相关知识】

一、PLC 系统简述

PLC 英文全称 Programmable Logic Controller，中文全称为可编程逻辑控制器。它采用一类可编程的存储器，其内部存储程序，执行逻辑运算、顺序控制、定时、计数与算术操作等面向用户的指令，并通过数字或模拟式输入/输出控制各种类型的机械或生产过程。

（1）PLC 对比继电器控制方式的优点

① PLC 内有成百上千可供用户使用的编程元件，可以实现非常复杂的控制功能。PLC 可以通信联网，实现分散控制，集中管理。

② PLC 产品已经系列化、模块化，用户可以选用不同的模块进行系统配置，组成不同功能、不同规律的系统。

③ 中间继电器，仅剩下与输入和输出有关的少量硬件，接线可减少到继电器控制系统的 1/10 或者 1%，控制柜的体积也相应缩小。PLC 用软件代替了大量的时间继电器。

④ 梯形图是 PLC 系统使用最多的编程语言，其电路和表达方式与继电器电路原理图相似。梯形图语言形象直观，易学易懂。对于复杂的控制系统，梯形图的设计时间比设计继电器系统电路图的时间要少很多。

⑤ PLC 的故障率很低，且有完善的自诊判断和显示功能。

（2）PLC 的主要功能

① 顺序逻辑控制　这是 PLC 最基本、最广泛的应用领域，用来取代继电器控制系统，实现逻辑控制和顺序控制。它既可用于单机控制或多机控制，又可用于自动化生产线的控制。PLC 根据操作按钮、限位开关及其他现场给出的指令信号和传感器信号，控制机械运动部件进行相应的操作。

② 运动控制　多数 PLC 提供了拖动步进电机或伺服电机的单轴或多轴的位置控制模板。PLC 把描述目标位置的数据送给模板，模板移动一轴或数轴到目标位置。当每个轴移动时，位置控制模板保持适当的速度和加速度，确保运动平滑。

③ 定时控制　PLC 为用户提供了一定数量的定时器，并设置了定时器指令。S7-200 系列可提供时基单位为 0.1s、0.01s 及 0.001s 的定时器，实现从 0.001s 到 3276.7s 的定时控制。同时 PLC 还提供了高精度的时钟脉冲，用于准确的实时控制。

④ 计数控制　PLC 为用户提供的计数器分为普通计数器、可逆计数器（增减计数器）、高速计数器等，用来完成不同用途的计数控制。

⑤ 数据处理　大部分 PLC 都具有不同程度的数据处理功能，能完成数据运算（如加、减、乘、除、乘方、开方等）、逻辑运算（如与、或、异或、求反等）、移位、数据比较和传送及数值的转换等操作。

⑥ 模/数和数/模转换　控制系统中，存在温度、压力、流量、速度、位移、电流、电压等连续变化的物理量（或称模拟量），PLC 也具有模拟量处理功能。

⑦ 通信及联网　目前绝大多数 PLC 都具备了通信能力，能够实现 PLC 与计算机之间、PLC 与 PLC 之间、PLC 与变频器之间的通信。通过这些通信技术，使 PLC 更容易构成工

厂自动化（FA）系统。

（3）PLC的分类

PLC的生产厂家很多，每个厂家的产品其点数、容量、功能各有差异，但都自成系列，指令及外设向上兼容，因此在选择PLC时，若选择同一系列的产品，可以使系统构成容易，操作人员使用方便，备品配件的通用性及兼容性好。比较有代表性的有：日本立石（OMRON）公司的C系列，三菱（MITSUBISHI）公司的F系列，东芝（TOSHIBA）公司的EX系列，美国哥德（GUULD）公司的M84系列，美国通用电气（GE）公司的GE系列，美国A-B公司的PLC-5系列，瑞士ABB公司的AC系列，德国西门子（SIEMENS）公司的S5系列、S7系列等。本教材主要学习SIEMENS公司的S7-200系列PLC的应用。

二、S7-200 PLC的硬件结构

（1）S7-200系列的硬件配置

S7-200系列第二代PLC有四种不同结构配置的CPU单元：CPU221、CPU222、CPU224、CPU226。表4-1给出了S7-200 PLC的技术指标。

表 4-1　S7-200 PLC 的技术指标

特性	CPU221	CPU222	CPU224	CPU224XP	CPU226
程序储存器： 可运行模式下编辑 不可运行模式下编辑	4096 字节 4096 字节	4096 字节 8192 字节	8192 字节 12288 字节	12288 字节 16384 字节	16384 字节 24578 字节
数据储存区	2048 字节	2048 字节	8192 字节	10240 字节	10240 字节
掉电保护时间/h	50	50	100	100	100
本机 I/O 数字量 模拟量	6 入 4 出 —	8 入 6 出 —	14 入 10 出 —	14 入 10 出 2 入 1 出	24 入 16 出
拓展模块数量	0 个模块	2 个模块	7 个模块	7 个模块	7 个模块
高速计数器 单向	4 路 30Hz	4 路 30Hz	6 路 30Hz	4 路 30Hz 2 路 200Hz	6 路 30Hz
两向	2 路 20Hz	2 路 20Hz	4 路 20Hz	3 路 20Hz 1 路 100Hz	4 路 20Hz
脉冲输出(DC)	2 路 20Hz	2 路 20Hz	2 路 20Hz	2 路 100Hz	2 路 20Hz
模拟电位器	1	1	2	2	2
实时时钟	配时钟卡	配时钟卡	内置	内置	内置
通信口	1　RS-485	1　RS-485	1　RS-485	2　RS-485	2　RS-485
浮点数运算	有				
I/O 映像区	256(128 入/128 出)				
布尔指令执行速度	0.22μs/指令				

（2）西门子 PLC S7-200 外部端子连接

S7-200（CPU224）外部端子说明如图 4-1 所示。

① 输入端接线　PLC的输入端可以连接按钮、行程开关、接近开关等输入信号。当图

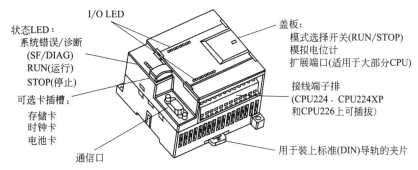

I/O LED

状态LED：
系统错误/诊断
(SF/DIAG)
RUN(运行)
STOP(停止)

可选卡插槽：
存储卡
时钟卡
电池卡

通信口

盖板：
模式选择开关(RUN/STOP)
模拟电位计
扩展端口(适用于大部分CPU)

接线端子排
(CPU224、CPU224XP
和CPU226上可插拔)

用于装上标准(DIN)导轨的夹片

图 4-1　S7-200 PLC 外部端子说明

S7-226 PLC的结构

4-2 中的外接触点接通时，光耦合器中两个反并联的发光二极管中的一个亮，光敏晶体管饱和导通，信号经内部电路传送给 CPU 模块；当外接触点断开时，光耦合器中的发光二极管熄灭，光敏晶体管截止，信号则无法传送给 CPU 模块。显然，改变输入回路的电源极性也一样可以正常工作。每个输入点都有一个内部信号，若内部信号得电，则 PLC 程序中的常开点接通，常闭点断开。若内部信号失电，则 PLC 程序中的常开触点断开，常闭触点闭合复位。

　　② 输出端接线　PLC 的输出端可以连接接触器、中间继电器、指示灯、蜂鸣器等输出设备。当 PLC 内部程序中的输出点线圈接通时，对应的输出点的内部输出继电器接通，使对应的 COM 端与输出端子导通。

　　当 PLC 内部程序中的输出点线圈断开时，对应的输出点的内部触点断开，COM 端则与输出端子断开。若是晶体管输出，则输出端 M 接（－），L 端接（＋），输出点为正电压，因此负载一端接输出点，另一端接（－）极，如图 4-3 所示。若是继电器输出，则负载 24V 及 220V 都可以，并且极性可以相反（只要负载允许），输出端接线如图 4-4 所示。

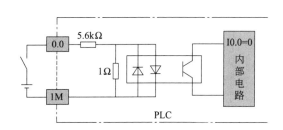

图 4-2　S7-200 直流输入工作原理

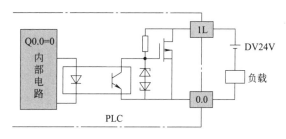

图 4-3　场效应晶体管电路

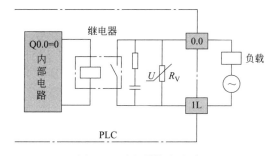

图 4-4　继电器输出电路

三、PLC 工作原理

PLC 有两种基本的工作状态：运行（RUN）状态与停止（STOP）状态。PLC 在开机后，完成自诊断、通信、输入采样、用户程序执行、输出刷新五个工作阶段，称为一个扫描周期。完成一次扫描后，又重新执行上述过程。可编程控制器这种周而复始的循环工作方式，称为扫描工作方式。

PLC 工作的基本步骤如图 4-5 所示。

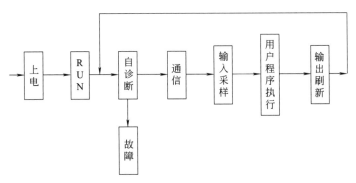

图 4-5　PLC 工作流程

（1）自诊断阶段

PLC 对本身内部电路、内部程序、用户程序等进行诊断，看是否有故障发生。若有异常，PLC 不会执行后面通信、输入采样、执行程序、输出刷新等过程，处于停止状态。

（2）通信

PLC 会对用户程序及内部应用程序进行数据的通信过程。当 PLC 处于停止模式时，只执行以上两个操作；当 PLC 处于运行模式时，还要进行下面三个阶段的操作。具体循环扫描的工作过程如图 4-6 所示。

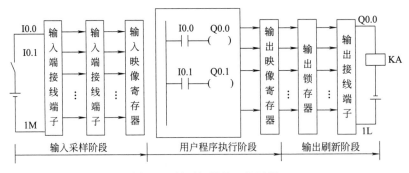

图 4-6　循环扫描的工作过程

（3）输入采样阶段

PLC 每次在执行用户程序之前，会对所有的输入信号进行采集，判断信号是接通还是断开，先把判断完的信号存入"输入映像寄存器"，然后开始执行用户程序，程序中信号的通与断根据"输入映像寄存器"中信号的状态来执行。

（4）执行用户程序阶段

PLC 对用户程序扫描，按照"先左后右，先上后下"的顺序，逐步逐条地进行扫描的过程。

（5）输出刷新阶段

PLC在执行过程中，输出信号的状态存入"输出映像寄存器"，即使输出信号为接通状态，也不会立即使输出端子动作，一定要程序执行到 END（即一个扫描周期结束）后，才会根据"输出映像寄存器"内的状态控制外部端子的动作。

四、PLC 的编程语言

PLC 的编程语言主要有五种。

（1）梯形图

梯形图是一种图形编程语言，沿用继电器的触点、线圈、串并联等术语和图形符号，是PLC 系统中使用的最基本、最普遍的编程语言。

（2）语句表

指令语句就是用助记符来表达 PLC 的各种功能。这种编程语言可使用简易编程器编程。

（3）顺序功能图（SFC）

顺序功能图编程方式采用画工艺流程图的方法编程，只要在每一个工艺方框的输入和输出端标上特定的符号即可。

（4）逻辑功能图

这是一种由逻辑功能符号组成的功能块图来表达命令的图形语言。这种编程语言基本上沿用了半导体逻辑电路的逻辑方块图。

（5）高级语言

在一些大型 PLC 中，为了完成一些较为复杂的控制，采用功能很强的微处理器和大容量存储器，配备 BASIC、Pascal、C 等计算机语言，从而可像使用通用计算机那样进行结构化编程，使 PLC 具有更强的功能。

这里主要对梯形图编程语言进行介绍，在项目五中将会应用顺序功能图进行编程。

梯形图是一种图形编程语言，是面向控制过程的一种"自然语言"。

PLC 的梯形图虽然是从继电器控制线路图发展而来的，但与其又有一些本质的区别。

① PLC 梯形图中的某些编程元件沿用了继电器这一名称，例如输入继电器、输出继电器、中间继电器等。但是，这些继电器并不是真实的物理继电器，而是"软继电器"。这些继电器中的每一个，都与 PLC 用户程序存储器中的数据存储区中的元件映像寄存器的一个具体存储单元相对应。如果某个存储单元为"1"状态，则表示与这个存储单元相对应的那个继电器的"线圈得电"。反之，如果某个存储单元为"0"状态，则表示与这个存储单元相对应的那个继电器的"线圈断电"。这样，就能根据数据存储区中某个存储单元的状态是"1"还是"0"，判断与之对应的那个继电器的线圈是否"得电"。

② PLC 梯形图中仍然保留了动合触点和动断触点的名称，这些触点的接通或断开取决于其线圈是否得电（对于熟悉继电器控制线路的电气技术人员来说，这是最基本的概念）。在梯形图中，当程序扫描到某个继电器触点时，就去检查其线圈是否"得电"，即去检查与之对应的那个存储单元的状态是"1"还是"0"。如果该触点是动合触点，就取它的原状态；如果该触点是动断触点，就取它的反状态。例如，如果对应输出继电器 Q0.0 的存储单元中的状态是"1"（表示线圈得电），当程序扫描到 Q0.0 的动合触点时，就取它的原状态"1"

（表示动合触点接通），当程序扫描到 Q0.0 的动断触点时，就取它的反状态"0"（表示动断触点断开）。反之亦然。

五、输入继电器和输出继电器

S7-200 的编程元件有输入继电器、输出继电器、通用继电器、特殊继电器、定时器、计数器等，根据本项目需要，现介绍输入继电器和输出继电器。

（1）输入继电器（I）

每一个输入继电器都有一个 PLC 的输入端子与之对应，用于接收外部开关信号。其状态只能由外部开关决定，PLC 不能改变输入信号状态。常见的输入元器件有按钮、选择开关、光电开关、行程开关、传感器等。

输入继电器的编址方式：

按位编址	10.0～I15.7
按字节编址	IB0～IB15
按字编址	IW0～IW14
按双字编址	ID0～ID12

注意：输入继电器只能由外部信号驱动，而不能由 PLC 指令来驱动。

（2）输出继电器（Q）

输出继电器是 PLC 通过运行用户程序，控制输出端子的状态，从而通过输出端子来控制外部负载的通与断。常见的输出元器件有电磁阀、继电器、接触器、指示灯、显示器等。

输出继电器的编址方式：

按位编址	Q0.0～Q15.7
按字节编址	QB0～QB15
按字编址	QW0～QW14
按双字编址	QD0～QD12

注意：输出继电器只能由 PLC 指令来驱动，外部信号不能直接驱动 PLC 的输出继电器。

【任务实施】

步骤一　任务分析

分析三相异步电动机单向运行，实现按下按钮启动，按下按钮停止，通过控制接触器的线圈即可完成该控制要求。

注意：由于接触器采用线圈电源电压为 380V，其通电电流大于 PLC 输出允许的电流，所以一般与 PLC 输出相连接的是中间继电器，采用继电器的触点驱动接触器的线圈。在硬件输出电路中接入热继电器的常闭触点，确保电路安全。

步骤二　制定 I/O 分配表

通过上述分析可知，本项目采用两个输入、一个输出，根据输入与输出进行 I/O 分配，并绘制 I/O 分配表。I/O 分配表如表 4-2 所示。

PLC控制系统中
停止按钮如何用？

表 4-2　三相异步电动机单向运行的 I/O 分配表

输入			输出		
SB1	I0.0	停止按钮	KA	Q0.0	电动机运行控制
SB2	I0.2	启动按钮			

步骤三　绘制外部接线图

根据 I/O 分配表，绘制外部接线图（图 4-7）、控制线路图和主电路图。

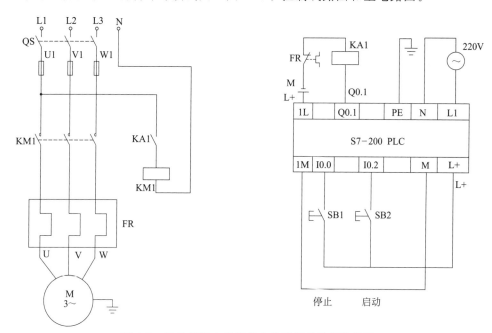

图 4-7　PLC 控制电动机单向连续运转外部接线图

步骤四　编写程序并完成下载

采用编程软件 STEP7，编写实现三相异步电动机单向运行的程序并下载到 PL 中，编程软件的使用参考项目链接。PLC 参考程序如图 4-8 所示。

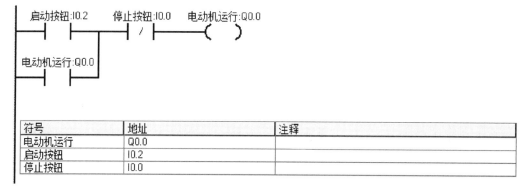

符号	地址	注释
电动机运行	Q0.0	
启动按钮	I0.2	
停止按钮	I0.0	

图 4-8　三相异步电动机单向运行控制的程序

步骤五　进行系统连接、调试

将所用元器件如熔断器、开关、接触器、PLC 等装在一块配线板上。按照 PLC 控制 I/O 接线图在模拟配线板上进行接线。

任务二 应用 PLC 实现电动机正反转运转控制

【任务描述】

应用 CPU226 CN AC/DC/RLY 作为控制器，完成电动机正反转运行的控制。按下正转按钮，电动机正向运转；按下停止按钮，电动机停止运转；按下反转按钮，电动机反向运转；按下停止按钮，电动机停止运转。要求完成：I/O 表的设计，外部接线图的识读，电气控制盘的配置，程序的编制与系统调试工作。

【相关知识】

一、置位、复位指令的应用

（1）S 指令

S（Set）指令也称为置位指令。其梯形图如图 4-9 所示，由置位线圈、置位线圈的位地址（bit）和置位线圈数目（n）构成，置位即置 1，复位即置 0。置位和复位指令可以将位存储区的某一位开始的一个或多个（最多可达 255 个）同类存储器位置 1 或置 0。

$$—\!\!—\!\!(\begin{smallmatrix} bit \\ S \\ n \end{smallmatrix}) \qquad\qquad —\!\!—\!\!(\begin{smallmatrix} bit \\ R \\ n \end{smallmatrix})$$

图 4-9 置位、复位指令梯形图

S（Set）指令将位存储区的指定位（位 bit）开始的 n 个同类存储器位置位。

（2）R 指令

R（Reset）指令也称为复位指令。其梯形图如图 4-9 所示，由复位线圈、复位线圈的位地址（bit）和复位线圈数目（n）构成，将位存储区的指定位（位 bit）开始的 n 个同类存储器位复位。当用复位指令时，如果是对定时器 T 位或计数器 C 位进行复位，则定时器位或计数器位被复位，同时，定时器或计数器的当前值被清零。

置位指令的应用如图 4-10 所示。当图中置位信号 I0.0 接通时，置位线圈 Q0.0 有信号流流过。当置位信号 I0.0 断开以后，置位线圈 Q0.0 的状态继续保持不变，直到线圈 Q0.0 的复位信号到来，线圈 Q0.0 才恢复初始状态。复位指令的应用如图 4-10 所示，当图中置位信号 I0.1 接通时，复位线圈 Q0.0 恢复初始状态。当复位信号 I0.1 断开以后，复位线圈 Q0.0 的状态继续保持不变，直到线圈 Q0.0 的置位信号到来，线圈 Q0.0 才有信号流流过。

二、置位、复位指令的优先级

在程序中同时使用 S 和 R 指令，应注意两条指令的先后顺序，使用不当有可能导致程序控制结果错误。图 4-10 中，置位指令在前，复位指令在后，当 I0.0 和 I0.1 同时接通时，复位指令优先级高，Q0.0 中没有信号流流过。相反，在图 4-11 中将置位与复位指令的先后

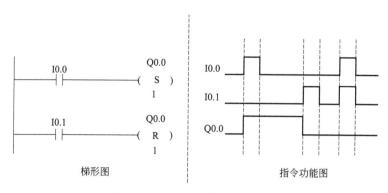

图 4-10 置位、复位指令的应用

顺序对调，当 I0.0 和 I0.1 同时接通时，置位优先级高，Q0.0 中有信号流流过。因此，使用置位和复位指令编程时，哪条指令在后面，则该指令的优先级高，这一点在编程时应引起注意。

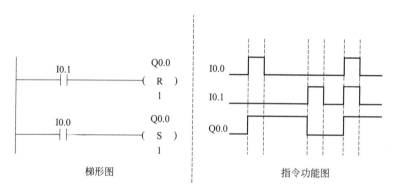

图 4-11 置位、复位指令的优先级的比较

三、SR 和 RS 指令的应用

（1）SR 指令

SR 指令也称为置位复位触发器（SR）指令。其梯形图如图 4-12 所示，由置位复位触发器助记符 SR、置位信号输入端 SI、复位信号输入端 R、输出端 OUT 和线圈的位地址 bit 构成。置位复位触发器指令的应用如图 4-12 所示，当置位信号 I0.0 接通时，线圈 Q0.0 有信号流流过。当置位信号 I0.0 断开时，线圈 Q0.0 的状态继续保持不变，直到复位信号 I0.1 接通时，线圈 Q0.0 没有信号流流过。如果置位信号 I0.0 和复位信号 I0.1 同时接通，

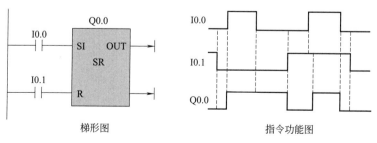

图 4-12 置位复位触发器（SR）

则置位信号优先，线圈 Q0.0 有信号流流过。

（2）RS 指令

RS 指令也称复位置位触发器指令。其梯形图如图 4-13 所示，由复位/置位触发器助记符 RS、置位信号输入端 S、复位信号输入端 RI、输出端 OUT 和线圈的位地址 bit 构成。置位复位触发器指令的应用如图 4-13 所示，当置位信号 I0.0 接通时，线圈 Q0.0 有信号流流过。当置位信号 I0.0 断开时，线圈 Q0.0 的状态继续保持不变，直到复位信号 I0.1 接通时，线圈 Q0.0 没有信号流流过。如果置位信号 I0.0 和复位信号 I0.1 同时接通，则复位信号优先，线圈 Q0.0 无信号流。

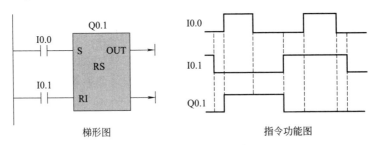

梯形图　　　　　　　　　　　　指令功能图

图 4-13　复位置位触发器指令（RS）

电动机正反转的
PLC控制应用

【任务实施】

步骤一　任务分析

该项任务需要 3 个输入按钮：正转按钮、反转按钮、停止按钮。用 2 个交流接触器实现电动机的正反转运行控制，接触器 KM1 的主触点闭合，电动机正转，KM2 的主触点闭合，电动机就反转。先用 PLC 控制 2 个 24V 的中间继电器，再用中间继电器控制 KM1、KM2，这种方法最安全。

步骤二　制定 I/O 分配表（表 4-3）

表 4-3　三相异步电动机单向运行的 I/O 分配表

输入			输出		
SB1	I0.0	正转按钮	KA1	Q0.0	电动机正转控制
SB2	I0.1	反转按钮			
SB3	I0.2	停止按钮	KA2	Q0.1	电动机反转控制

步骤三　设计外部接线图

根据 I/O 分配表，绘制外部接线图（图 4-14）、控制线路图和主电路图。

步骤四　编制 PLC 程序

采用编程软件 STEP7，编写实现三相异步电动机单向运行的程序并下载到 PLC 中，见图 4-15。

步骤五　进行系统连接、调试

将所用元器件如熔断器、开关、接触器、PLC 等装在一块配线板上。按照 PLC 控制 I/O 接线图在模拟配线板上进行接线。

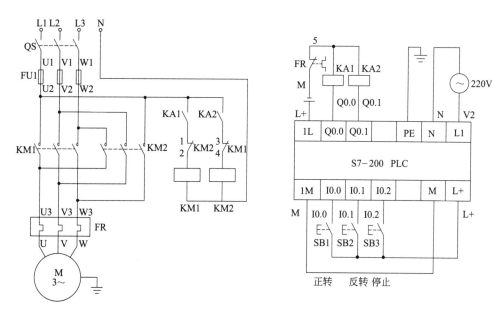

图 4-14 PLC 控制电动机单向连续运转外部接线图

正转按钮:I0.0　KA2（反转）:Q0.1 KA1（正转）:Q0.0
├──┤ ├────────┤ / ├──────(S)
                                    1

符号	地址	注释
KA1（正转）	Q0.0	
KA2（反转）	Q0.1	
正转按钮	I0.0	

反转按钮:I0.1　KA1（正转）:Q0.0 KA2（反转）:Q0.1
├──┤ ├────────┤ / ├──────(S)
                                    1

符号	地址	注释
KA1（正转）	Q0.0	
KA2（反转）	Q0.1	
反转按钮	I0.1	

停止按钮:I0.2　KA1（正转）:Q0.0
├──┤ ├──────(R)
                      2

符号	地址	注释
KA1（正转）	Q0.0	
停止按钮	I0.2	

图 4-15 PLC 控制电动机正反转程序

任务三　应用 PLC 实现电动机星-角降压启动控制

【任务描述】

应用 CPU226 CN AC/DC/RLY 作为控制器，完成电动机星-角降压启动运行的控制：按下启动按钮后，电动机绕组 Y 接法启动交流接触器 KM1 和 KM3 动作，6s 后 KM3 断开，再过 1s 后 KM2 接通绕组，组成△接法；按下停止按钮，电动机停止运转。要求完成：I/O 表的设计，外部接线图的识读，电气控制盘的配置，程序的编制与系统调试工作。

【相关知识】

一、定时器的概念

定时器是 PLC 编程元件的一种。在运行过程中，当定时器的输入条件满足时，当前值开始按一定的单位增加，当定时器的当前值到达设定值时，定时器动作，从而满足各种定时逻辑控制

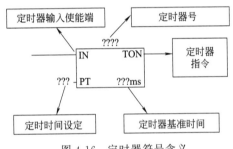

图 4-16　定时器符号含义

的需要。定时器的当前值是存储器当前累积的计数值，用 16 位符号整数来表示，最大值为 32767。

S7-200 提供了 3 种定时器类型：接通延时定时器（TON）、有记忆接通延时定时器（TONR）、断开延时定时器（TOF）。

定时器的编号用 T 和常数编号（最大为255）表示，如 T0、T1 等，定时器的符号含义如图 4-16 所示。

二、定时器的分辨率与设定时间

S7-200 定时器的分辨率有 3 种：1ms、10ms 和 100ms，定时器编号一旦确定后，其分辨率也随之确定。定时器类型和分辨率关系如表 4-4 所示。

表 4-4　定时器类型和分辨率关系

定时器类型	分辨率	最大值	定时器号码
TONR	1ms	32.767	T0,T64
	10ms	327.67	T1~T4,T65~T68
	100ms	3276.7	T5~T31,T69~T95
TON,TOF	1ms	32.767	T32,T96
	10ms	327.67	T33~T36,T97~T100
	100ms	3276.7	T37~T63,T101~T255

定时器的实际设定时间 T＝设定值 PT×分辨率。如使用定时器 T37（100ms 定时器），设定值为 100，则实际时间为

$$T＝100×100＝10000ms$$

三、接通延时定时器（TON）的应用

TON 指令在启用输入端使能后，开始计时。当前值（Txxx）大于或等于预设时间（*PT*）时，定时器触点接通。当输入端断开时，接通延时定时器，当前值被清除，触点断开，达到预设值后，定时器仍继续计时，达到最大值 32767 时，停止计时。接通延时定时器，如图 4-17 所示。

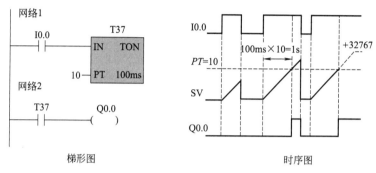

图 4-17　接通延时定时器应用

图 4-17 中，定时器编号 T37，此定时器为 100ms 的定时器，定时器预设值为 10，即定时时间为 $10 \times 100\text{ms} = 1\text{s}$。

PLC 通电后，若 I0.0 断开，定时器当前值为 0，I0.0 接通，则定时器开始计时，当前值到达 10 后，定时器常开触点接通，Q0.0 有输出。到达预设值后，若 I0.0 还是接通，则定时器继续计时，直到当前值到达 32767。在定时过程中，只要 I0.0 断开，则定时器当前值清零，T37 常开触点断开。

四、有记忆接通延时定时器（TONR）的应用

有记忆接通延时定时器具有记忆功能，它用于对许多间隔的累计定时。上电周期或首次扫描时，定时器的当前值为掉电前的值，当输入端接通时，当前值从上次的保持值继续计时，当累计当前值达到设定值时，定时器常开触点接通，若此时输入端仍为接通状态，当前值可计数到 32767。

有记忆接通延时定时器举例如图 4-18 所示。

图 4-18 中，定时器编号 T1，查表 4-4 可知，该定时器是 10ms 的定时器，定时器预设值为 100，即定时时间为 $100 \times 10\text{ms} = 1000\text{ms}$。

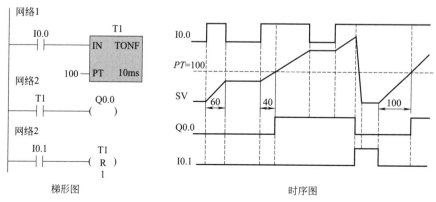

图 4-18　有记忆接通延时定时器应用

I0.0输入闭合后，定时器开始计时，当前值到达100后，触点接通。到达预设值后，若I0.0还是接通，则定时器继续计时，直到当前值到达32767。

此定时器的特点是：若在计时过程中，输入I0.0由接通变为断开之后，其当前值保持不变，当I0.0再次变为接通后，当前值继续增加。

当I0.1闭合时，T1的当前值复位为0，常开触点断开。

五、断开延时定时器指令（TOF）的应用

断开延时定时器指令（TOF）用于输入关闭后，延迟固定的一段时间再关闭输出。启用输入打开时，定时器立即置位，当前值被设为0。输入关闭时，定时器继续计时，直到当前值等于设定值，时间达到预设时间，定时器位复位。

断开延时定时器举例如图4-19所示。

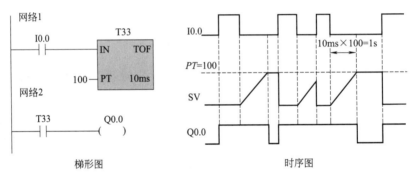

图 4-19　断开延时定时器应用

当输入信号I0.0使能后，定时器的当前值被清零，常开触点T33立刻接通，Q0.0有输出，并保持此状态。当输入信号I0.0由接通→断开时，定时器开始计时，当前值到达设定值，当前值停止计时，保持当前值，定时器触点断开，Q0.0输出断开，实现了输入信号断开后、输出信号延时的作用。

【任务实施】

步骤一　任务分析

该项任务需要2个输入按钮：启动按钮、停止按钮。用3个交流接触器实现电动机的星-角降压启动运行控制，交流接触器KM1和KM3接通时为星形接法，交流接触器KM1和KM2接通时为三角形接法，由PLC内部的定时器代替时间继电器完成时间控制。这里采用PLC驱动中间继电器，中间继电器驱动接触器实现星形-三角形（Y-△）降压启动运行控制。

步骤二　制定I/O分配表（表4-5）

表 4-5　三相异步电动机单向运行的 I/O 分配表

输入			输出		
SB1	I0.0	启动按钮	KA1	Q0.0	控制 KM1
SB2	I0.1	停止按钮	KA2	Q0.1	控制 KM2
			KA3	Q0.2	控制 KM3

步骤三 设计外部接线图

根据 I/O 分配表，绘制外部接线图、控制线路图、主电路图，如图 4-20 所示。

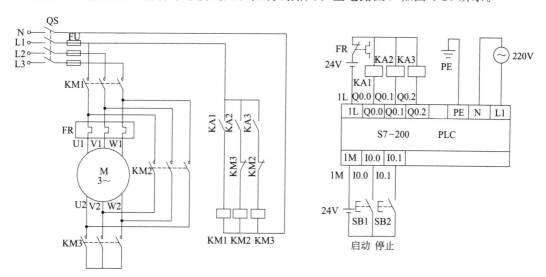

图 4-20 断开延时定时器外部接线图

步骤四 编制 PLC 程序

采用编程软件 STEP7，编写实现三相异步电动机星角降压启动运行的程序，并下载到 PLC 中，见图 4-21。

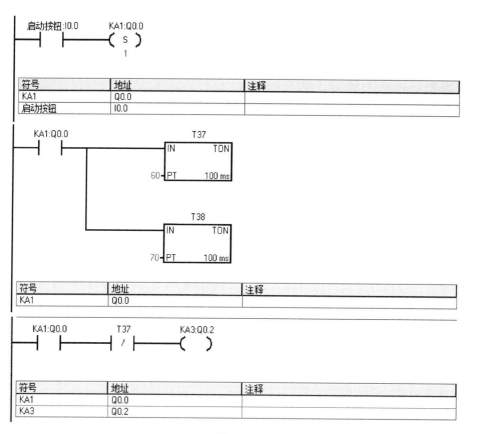

图 4-21

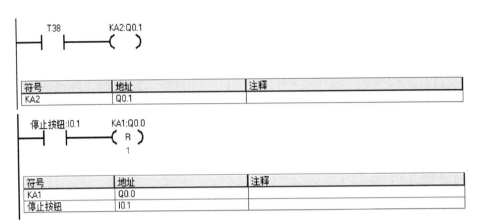

图 4-21　PLC 控制电动机星角降压启动运行程序

步骤五　进行系统连接、调试

将所用元器件如熔断器、开关、接触器、PLC 等装在一块配线板上。按照 PLC 控制 I/O 接线图在模拟配线板上进行接线。

【知识拓展】　西门子 S7-200 的编程元件

(1) 内部标志位存储器（通用辅助继电器）

用来存储程序的中间状态。线圈得电，其常开触点闭合，常闭触点断开。每个线圈对应着通用辅助继电器的一位。

① 符号表示　　字母 M

② 编址方式

按位编址　　　　　M0.0～M31.7

按字节编址　　　　MB0～MB31

按字编址　　　　　MW0～MW30

按双字编址　　　　MD0～MD28

③ 分类

普通通用辅助继电器　　（M0.0～M13.7）

停电保持型通用辅助继电器（M14.0～M31.7）

④ 通用辅助继电器的特点

a. 普通通用辅助继电器和输出继电器一样，在 PLC 电源中断后，状态将变为 OFF，当电源恢复后，除因程序使其变为 ON 外，其仍保持 OFF；停电保持型通用辅助继电器在 PLC 电源中断后，具有保持断电前的瞬间状态的功能，并在恢复供电后继续断电前的状态。

b. 和输出继电器一样，其线圈由程序指令驱动，每个通用辅助继电器都有无限多对常开常闭触点，供编程使用。但是，其触点不能直接驱动外部负载，要通过输出继电器才能实现对外部负载的驱动。

(2) 特殊标志位寄存器

特殊标志位寄存器具有特殊功能或用来存储系统的状态变量、控制参数和信息，称之为特殊标志位寄存器。

① 符号表示　　　　　　　　字母 SM

② 编址方式

按位编址　　　　SM0.0～SM179.7（SM0.0～SM29.7 为只读型）

按字节编址　　　SMB0～SMB179

按字编址　　　　SMW0～SMW178

按双字编址　　　SMD0～SMD176

SM0.0　PLC 运行恒为 ON 的特殊标志位寄存器。

SM0.1　初始化脉冲，PLC 开始运行时，SM0.1 的线圈接通一个扫描周期。

SM0.4　周期为 1min 的时钟脉冲。

SM0.5　周期为 1s 的时钟脉冲。

（3）变量存储器（V）

变量存储器用来存储变量。它可以存放程序执行过程中控制逻辑操作的中间结果，也可以使用变量存储器来保存与工序或任务相关的其他数据。

（4）局部变量存储器（L）

局部变量存储器用来存放局部变量。局部变量与变量存储器所存储的全局变量十分相似，主要区别在于全局变量是全局有效的，而局部变量是局部有效的。L 一般用在子程序中。

（5）顺序控制继电器（S）

顺序控制继电器也称为状态器。顺序控制继电器用于顺序控制或步进控制中。

【项目评价】

项目内容	考核要求	配分	评分标准	扣分	得分
电路设计	1. I/O 分配表正确 2. 外部接线图正确 3. 主电路正确 4. 联锁、保护齐全	30	1. 分配表，每错一处扣 5 分 2. 外部接线图，错一处扣 5 分 3. 主电路，错一处扣 5 分 4. 联锁、保护，每缺一项扣 5 分 5. 不会设置及下载分别扣 5 分		
安装接线	1. 元件选择、布局合理，安装符合要求 2. 布线合理美观	10	1. 元件选择、布局不合理，扣 3 分/处，元件安装不牢固，扣 3 分/处 2. 布线不合理、不美观，扣 3 分/处		
PLC 编程调试	1. 程序编制实现功能 2. 操作步骤正确 3. 接负载试车成功	30	1. 连线接，错一根扣 10 分 2. 一个功能不实现，扣 10 分 3. 操作步骤，错一步扣 5 分 4. 显示运行不正常，扣 5 分		
职业操守	1. 安全文明生产 2. 具有良好的职业操守	5	故意损坏设备器件，扣 5 分		
团队合作	1. 服从组长的工作安排 2. 按时完成组长分配的任务 3. 热心帮助小组其他成员	5	1. 小组分工明确，加 5 分 2. 小组团结协作完成任务，加 5 分		

续表

项目内容	考核要求	配分	评分标准	扣分	得分
小组汇报	1.小组汇报准备充分 2.汇报语言条理清晰 3.任务完成过程汇报完整	10	1.准备充分,加4分 2.条理清晰,加3分 3.任务完成过程汇报完整,3分		
任务实施记录	1.结构完整,内容翔实 2.书写工整	10			
考评员签字:　　　　　　　年　月　日　成绩:					

自我评价(总结与提高)

请总结你在整个任务完成过程中做得好的是什么? 还有什么不足? 有何打算?

【练习与思考】

4.1　在 PLC 与交流接触器之间接入中间继电器的作用哪一项不对(　　)。

A. 完全没必要

B. 接触器线圈在吸合的瞬间会产生很大的冲击电流,接入中间继电器起保护 PLC 输出触点的作用

C. 继电器的驱动电流非常小,输出端可以接高电压,起到隔离作用

4.2　这一段程序中,I0.0 接通后,置位为 1 的有(　　)。

A. 只有 Q0.1　　　　B. Q0.0　　　　　　C. Q0.1 和 Q0.2

4.3　这一段程序中,Q0.4 复位的条件是(　　)。

A. I0.0 接通　　　　B. I0.1 接通　　　　C. I0.0 和 I0.1 都接通

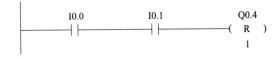

4.4　定时器 T37 定时 1s,设定值应为(　　)。

A. 10　　　　　　B. 100　　　　　　　C. 1000　　　　　　D. 10000

4.5　在 S7-200 系列 PLC 中,表示接通延时定时器的是(　　)。

A. CTD　　　　　B. TOF　　　　　　C. TON　　　　　　D. TONR

4.6　S7-200 定时器的分辨率有 3 种,下面(　　)不属于。

A. 1ms　　　　　B. 10ms　　　　　C. 100ms　　　　　D. 1000ms

4.7　S7-200 的定时器当前值最大可为(　　)。

A. 65536　　　　B. 32767　　　　　C. 1024　　　　　　D. 10000

4.8 关于 PLC 控制电动机 Y-△ 降压启动的说法错误的是（　　）。

　　A. 避免了过大的启动电流对电网形成的冲击

　　B. 必须接入机械时间继电器

　　C. PLC 内部的定时器软元件可以实现时间控制

　　D. 在电动机启动时星形接线，启动成功后再改成三角形接线

4.9 编写指示灯闪烁程序，按下启动按钮，指示灯按照亮 1s、灭 2s 的频率闪烁；按下停止按钮，指示灯停止闪烁。

定时器典型应用之
指示灯闪烁控制

机械手的PLC控制

你知道吗?

　　采用经验设计法设计梯形图时,一是没有固定的方法和步骤可以遵循,具有很大的试探性和随意性;二是在设计复杂系统的梯形图时,用大量的中间单元来完成记忆、联锁和互锁等功能,分析起来非常困难,并且很容易遗漏一些应该考虑的问题;三是修改某一局部电路时,可能对系统的其他部分产生意想不到的影响,因此梯形图的修改也很麻烦。因此,PLC在众多梯形图语言之外,增加了符合 IEC61131 标准的顺序功能图语言。

　　顺序功能图是描述控制系统控制过程、功能和特性的一种图形语言,专门用于编制顺序控制程序。所谓顺序控制,就是按照生产工艺的流程顺序,在各个输入信号及内部软元件的作用下,使各个执行机构自动有序地运行。使用顺序功能图设计程序时,首先应根据系统的工艺流程画出顺序功能图,然后根据顺序功能图画出梯形图或写出指令表。本项目通过两个任务介绍顺序功能图设计的相关概念及设计方法。

知识目标

① 掌握 PLC 控制系统设计的基本原则。
② 掌握 PLC 的状态软元件及使用。
③ 学会绘制顺序功能图。
④ 掌握 PLC 的顺序功能图和顺序控制指令的表达形式及对应关系。
⑤ 学会顺序控制梯形图的编程方法。

技能目标

① 能够用顺序控制方法进行简单流程的PLC控制系统设计和安装。
② 能对出现的故障根据设计要求独立进行检修，直至系统正常工作。

任务一 光伏电池组件跟踪光源的 PLC 控制

【任务描述】

光伏供电装置

光伏供电装置主要由光伏电池组件、投射灯、光线传感器、光线传感器控制盒、水平方向和俯仰方向运动机构、摆杆、摆杆减速箱、摆杆支架、单相交流电动机、电容器、直流电动机、接近开关、微动开关、底座支架等设备与器件组成。

光伏供电装置的外形及方向定义如图5-1所示，靠近摆杆的投射灯定义为投射灯1（简称灯1），另一盏投射灯定义为投射灯2（简称灯2）。

系统处在初始位置（即摆杆停止在最东边且光伏组件停止在最东边位置），表示系统准备好，启动指示灯1Hz闪烁，此时按下启动按钮，启动指示灯变为常亮状态，灯1、灯2亮，同时光伏电池组件在移动过程中一直进行对光跟踪。跟踪结束后，摆杆以移动3s、停1s的规律自东向西运动，到达中限位时停止。跟踪结束后，摆杆连续移动到最西端停止。跟踪结束后，摆杆自西向东运动，碰到中限位时停止。当光伏电池组件跟踪结束时，摆杆继续向东连续运动到限位位置停止，然后继续运行刚按下启动按钮的工作过程，如此循环。按下停止按钮，恢复到启动之前的状态停止，灯1、灯2灭，启动指示灯灭。

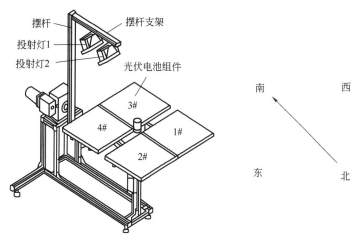

图 5-1 光伏供电装置外形图及方向定义

【相关知识】

一、顺序功能图的表示方法

绘制直线流程的
顺序功能图

顺序控制的思想是将系统的工作周期划分为若干顺序相连的阶段，称

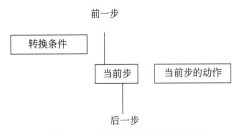

图 5-2　SCR 步元素的表现形式

之为"步"。当步被激活时（即满足一定的转换条件），步所代表的行动或命令将被执行。这样一步步按照顺序，执行机构就能够顺序"前进"。运用顺序控制法能够提高设计效率，并且便于合作者进行编程思想的交流，同时程序的调试和修改也将十分方便。

顺序功能图的基本元素是"步"。图 5-2 所示为 SCR（顺序控制器）步元素的表现形式。由图中可以看出，步元素的表现形式包括三个要素：步、转换条件、步的动作。

所谓步，即系统当前所处的状态，可以称之为"当前步"。转换条件是前一步进入当前步所需要的条件信号。转换条件可以是外部输入信号，如按钮、开关等，也可以是 PLC 内部产生的信号，如定时器等提供的信号，当然转换信号也可以是这些信号的逻辑组合。步的动作是指当前步所执行的具体命令。还有辅助元素：前一步和后一步，这样各步之间形成一个链条。由于 PLC 循环扫描，所以链条封闭形成一个回环。

步对应的动作中有存储型和非存储型两大常用类型。存储型为保持型，可以用 S 和 R 指令对存储型动作置位和复位。而非存储型则与它所在的步"同存亡"，用输出指令实现。

二、顺序控制指令

顺序控制指令是 PLC 生产厂家为用户提供的可使功能图编程简单化的规范化的指令。

S7-200 PLC 提供了四条顺序控制指令，其中最后一个条件顺序状态结束指令 CSCRE 使用较少，它们的 STL（指令表）、LAD（梯形图）格式和功能如表 5-1 所示。

表 5-1　顺序控制指令表

STL	LAD	功能	操作元件
LSCR　S_bit	S_bit —| |— SCR	顺序状态开始	S（位）
SCRT　S_bit	S_bit ------ (SCRT)	顺序状态转移	S（位）
SCRE	------ (SCRE)	顺序状态结束	无
CSCRE		条件顺序状态结束	无

从表 5-1 中可以看出，顺序控制指令的操作元件为顺序控制器 S，也称为状态器，每一个 S 位都表示功能图中的一种状态。S 的范围为 S0.0～S31.7。

从 LSCR 指令开始到 SCRE 指令结束的所有指令组成一个顺序控制器（SCR）段。LSCR 指令标记一个 SCR 段的开始，当该段的状态器置位时，允许该 SCR 段工作。SCR 段必须用 SCRE 指令结束。当 SCRT 指令的输入端有效时，一方面置位下一个 SCR 段的状态器，以便使下一个 SCR 段开始工作；另一方面又同时使该段的状态器复位，使该段停止工作。由此可以总结出每一个 SCR 程序段一般有以下三种功能：

① 驱动处理，即在该段状态有效时要做什么工作，有时也可能不做任何工作；

② 指定转移条件和目标，即满足什么条件后状态转移到何处；

③ 转移源自动复位功能，状态发生转移后，置位下一个状态的同时，自动复位原状态。

三、顺序功能图的编程方法

用功能图编程时，应先画出功能图，然后对应功能图画出梯形图。

图 5-3 所示为顺序控制指令的一个例子。

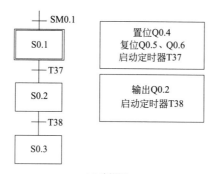

(a) 功能图

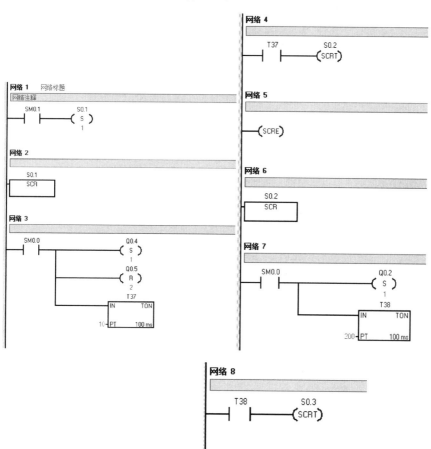

(b) 梯形图

图 5-3

网络 1   网络标题

网络注释

```
LD     SM0.1
S      S0.1, 1
```

网络 2

```
LSCR   S0.1
```

网络 3

```
LD     SM0.0
S      Q0.4, 1
R      Q0.5, 2
TON    T37, 10
```

网络 4

```
LD     T37
SCRT   S0.2
```

网络 5

```
SCRE
```

网络 6

```
LSCR   S0.2
```

网络 7

```
LD     SM0.0
S      Q0.2, 1
TON    T38, 200
```

网络 8

```
LD     T38
SCRT   S0.3
```

网络 9

```
SCRE
```

(c)指令表

图 5-3   顺序控制指令的使用

在该例中，初始化脉冲 SM0.1 用来置位 S0.1，即把 S0.1 状态激活；在 S0.1 状态的 SCR 段要做的工作是置位 Q0.4、复位 Q0.5 和 Q0.6，使 T37 开始计时。T37 计时 1s 后状态发生转移，T37 即为状态转移条件。T37 的常开触点将 S0.2 置位激活的同时，自动使原状态 S0.1 复位。

在状态 S0.2 的 SCR 段，要做的工作是输出 Q0.2，同时 T38 计时。T38 计时 20s 后，状态从 S0.2 转移到 S0.3，同时状态 S0.2 自动复位。

在 SCR 段输出时，常用 SM0.0（常 ON）执行 SCR 段的输出操作。因为线圈不能直接与母线相连，所以需借助 SM0.0 来与母线相连。

使用说明：

① 顺序控制指令仅对元件 S 有效，顺序控制继电器 S 也具有一般继电器的功能，所以对它能够使用其他指令；

② SCR 段程序能否执行取决于该状态器（S）是否被置位，SCRE 与下一个 LSCR 之间的指令影响下一个 SCR 段程序的执行；

③ 不能把同一个 S 位用于不同程序中，如在主程序中用了 S0.1，则在子程序中就不能再使用它；

④ 在 SCR 段中不能使用 JMP 和 LBL 指令，也就是说不允许跳入、跳出或内部跳转，但可以在 SCR 段附近使用跳转和标号指令；

⑤ 在 SCR 段中不能使用 FOR、NEXT、END 指令；

⑥ 在状态发生转移后，所有的 SCR 段的元器件一般也要复位，如果希望继续输出，可使用置位/复位指令；

⑦ 在使用功能图时，状态器的编号可以不按顺序编排；

⑧ S7-200 PLC 的顺序控制程序段中，不支持多线圈输出，如程序中出现多个 Q0.0 的线圈，则后面线圈的状态优先输出。

四、顺序功能图的基本结构

功能图的主要类型有直线流程、选择分支和连接、并行分支和连接、跳转和循环等。

（1）直线流程

这是最简单的功能图，其动作是一个接一个地完成。每个状态仅连接一个转移，每个转移也仅连接一个状态。功能图与梯形图如图 5-4 所示。

（2）选择分支和连接

在生产实际中，对具有多流程的工作要进行流程选择或者分支选择，即一个控制流可能转入多个可能的控制流中的某一个，但不允许多路分支同时执行。进入哪一个分支取决于控制流前面的转移条件哪一个为真。选择分支和连接的功能图和梯形图如图 5-5 所示。

（3）并行分支和连接

一个顺序控制状态流必须分成两个或多个不同分支控制状态流，这就是并发性分支或并行分支。但一个控制状态流分成多个分支时，所有的分支控制状态流必须同时激活。当多个控制流产生的结果相同时，可以把这些控制流合并成一个控制流，即并行性分支的连接。

图 5-6 所示为并行分支和连接的功能图和梯形图。并行分支连接时，要同时使所有分支状态转移到新的状态，完成新状态的启动。另外，在状态 S0.2 和 S0.4 的 SCR 中，由于没有使用 SCRT 指令，所以 S0.2 和 S0.4 的复位不能自动进行，最后要用复位指令对其进行复位。这种处理方法在并行分支的连接合并时经常用到，而且在并行分支连接合并前的最后一个状态往往是"等待"过渡状态，它们要等待所有并行分支都为活动状态后一起转移到新的状态。这些"等待"状态不能自动复位，它们的复位要使用复位指令来完成。

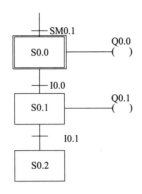

(a) 功能图

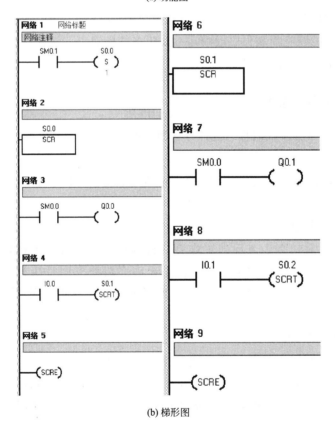

(b) 梯形图

图 5-4 直线流程的功能图与梯形图

(4)跳转和循环

直线流程、并行和选择是功能图的基本形式。多数情况下，这些基本形式是混合出现的，跳转和循环是其典型代表。利用功能图语言，可以很容易实现流程的循环重复操作。在程序设计过程中，可以根据状态的转移条件，决定流程是单周期操作还是多周期操作，是跳转还是顺序向下执行。

详见任务二中"跳转指令"的讲解。

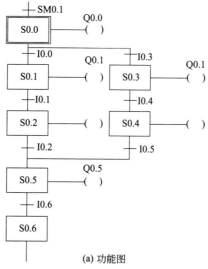

(a) 功能图

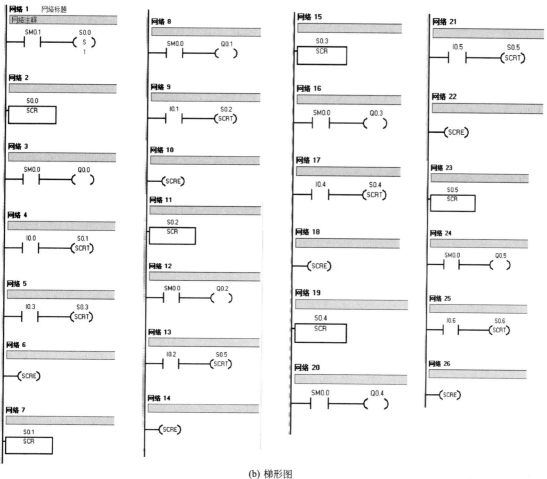

(b) 梯形图

图 5-5　选择分支和连接的功能图与梯形图

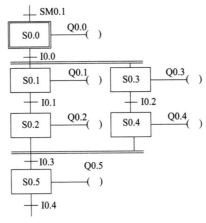

(a)功能图

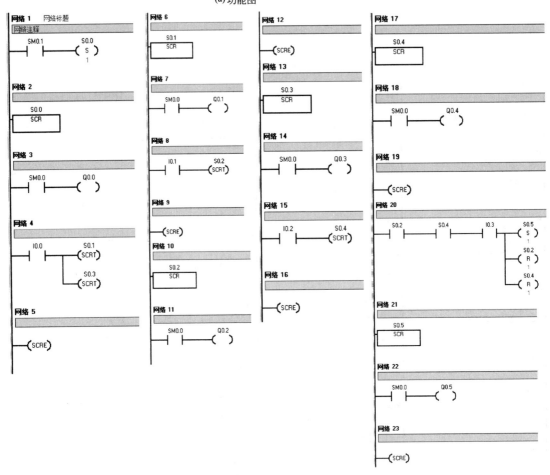

(b) 梯形图

图 5-6　并行分支和连接的功能图与梯形图

【任务实施】

步骤一　任务分析

输入信号有启动和停止按钮、光伏组件光源检测元件、光伏组件限位、摆杆限位等信号，共 12 个，输出信号有灯 1 和灯 2、东西和西东摆杆驱动、光伏组件驱动和指示灯，共 9 个，选择 PLC S7-200 CPU224。

步骤二　制定 I/O 分配表（表 5-2）

表 5-2　S7-200 PLC 输入/输出分配表

序号	输入输出	配置	序号	输入输出	配置
1	I0.0	启动按钮	13	Q0.0	灯 1 驱动
2	I0.1	停止按钮	14	Q0.1	灯 2 驱动
3	I0.2	光伏组件向东信号	15	Q0.2	摆杆东西驱动
4	I0.3	光伏组件向西信号	16	Q0.3	摆杆西东驱动
5	I0.4	光伏组件向北信号	17	Q0.4	光伏组件向东驱动
6	I0.5	光伏组件向南信号	18	Q0.5	光伏组件向西驱动
7	I0.6	光伏组件向东、西限位	19	Q0.6	光伏组件向北驱动
8	I0.7	光伏组件向北限位	20	Q0.7	光伏组件向南驱动
9	I1.0	光伏组件向南限位	21	Q1.0	启动指示灯
10	I1.1	摆杆接近开关垂直限位			
11	I1.2	摆杆东西限位			
12	I1.3	摆杆西东限位			

步骤三　设计外部接线图

根据控制要求设计外部接线图，如图 5-7 所示。

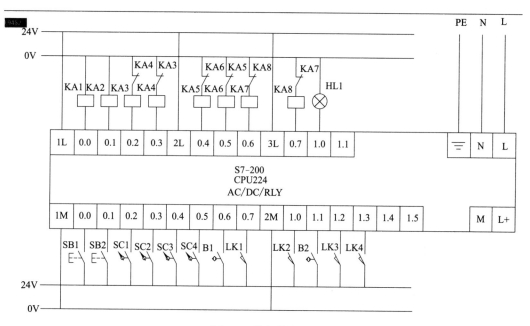

图 5-7　外部接线图

步骤四　编写 PLC 程序

顺序功能图如图 5-8 所示，梯形图如图 5-9 所示。

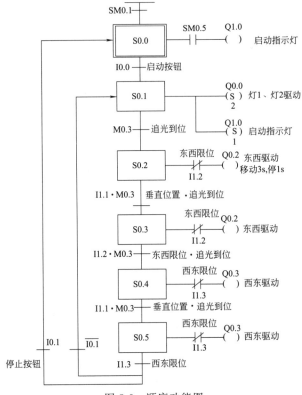

图 5-8　顺序功能图

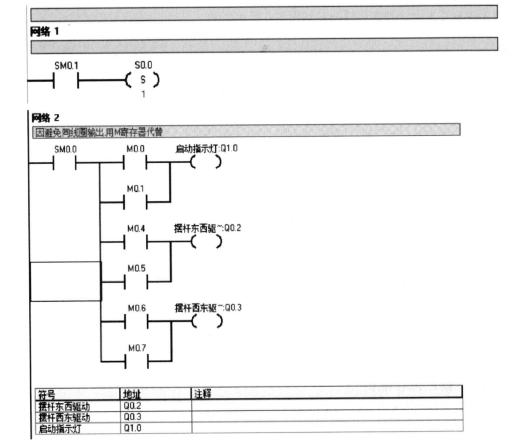

符号	地址	注释
摆杆东西驱动	Q0.2	
摆杆西东驱动	Q0.3	
启动指示灯	Q1.0	

网络 3

自定义M0.3为追光到位

光伏组件向~:Q0.4　光伏组件向~:Q0.5　光伏组件向~:Q0.6　光伏组件向~:Q0.7　追光到位:M0.3

符号	地址	注释
光伏组件向北驱动	Q0.6	
光伏组件向东驱动	Q0.4	
光伏组件向南驱动	Q0.7	
光伏组件向西驱动	Q0.5	
追光到位	M0.3	

网络 4

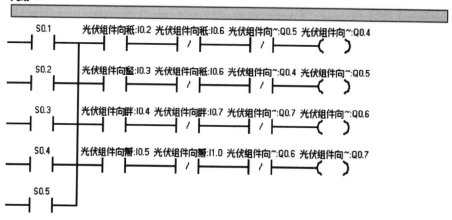

S0.1　光伏组件向~:I0.2　光伏组件向~:I0.6　光伏组件向~:Q0.5　光伏组件向~:Q0.4

S0.2　光伏组件向~:I0.3　光伏组件向~:I0.6　光伏组件向~:Q0.4　光伏组件向~:Q0.5

S0.3　光伏组件向~:I0.4　光伏组件向~:I0.7　光伏组件向~:Q0.7　光伏组件向~:Q0.6

S0.4　光伏组件向~:I0.5　光伏组件向~:I1.0　光伏组件向~:Q0.6　光伏组件向~:Q0.7

S0.5

符号	地址	注释
光伏组件向北驱动	Q0.6	
光伏组件向北限位	I0.7	
光伏组件向北信号	I0.4	
光伏组件向东、西…	I0.6	
光伏组件向东驱动	Q0.4	
光伏组件向东信号	I0.2	
光伏组件向南驱动	Q0.7	
光伏组件向南限位	I1.0	
光伏组件向南信号	I0.5	
光伏组件向西驱动	Q0.5	
光伏组件向西信号	I0.3	

网络 5

S0.0

SCR

图 5-9

网络 6

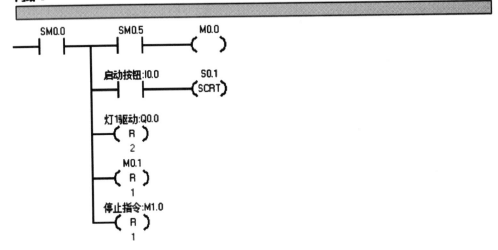

符号	地址	注释
灯1驱动	Q0.0	
启动按钮	I0.0	
停止指令	M1.0	

网络 7

—(SCRE)

网络 8

S0.1
SCR

网络 9

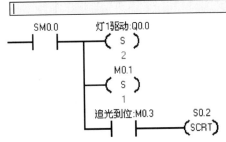

符号	地址	注释
灯1驱动	Q0.0	
追光到位	M0.3	

网络 10

———(SCRE)

网络 11

S0.2
SCR

网络 12

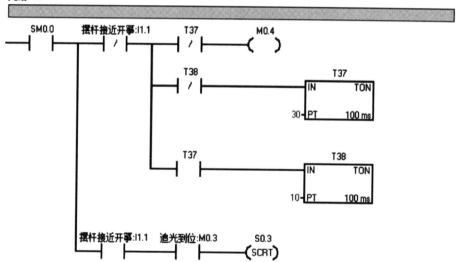

符号	地址	注释
摆杆接近开关垂直...	I1.1	
追光到位	M0.3	

网络 13

———(SCRE)

网络 14

S0.3
SCR

图 5-9

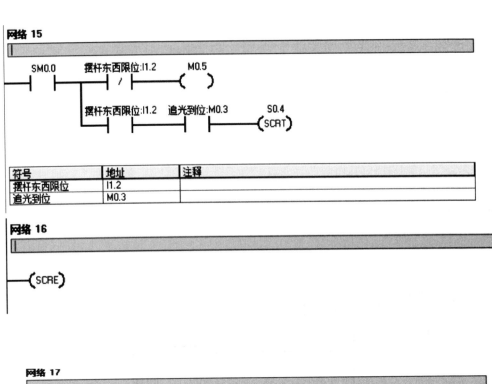

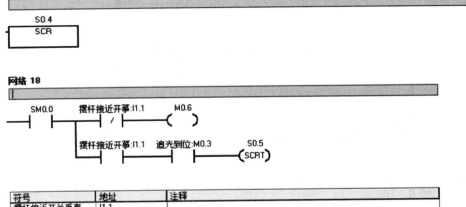

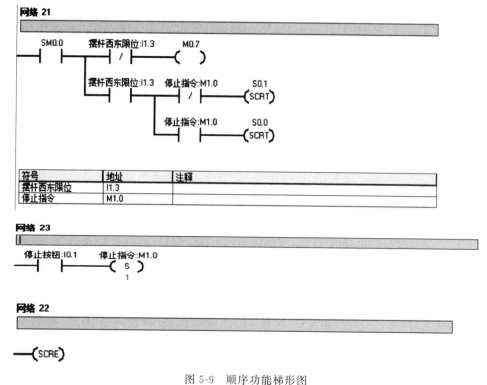

图 5-9 顺序功能梯形图

步骤五 系统调试

将编好的程序下载到光伏装置系统，经现场调试，可以满足控制要求。

任务二 机械手 PLC 控制设计

为了满足生产的需要，很多工业设备要求设置多种工作方式，如手动和自动（包括连续、单周期、单步和自动返回初始状态）工作方式。如何将多种工作方式的功能融合到一个程序中，是梯形图设计的难点之一。

【任务描述】

机械手的动作过程如图 5-10 所示。

从原点开始，按下启动按钮，下降电磁阀通电，机械手下降。下降到底时，碰到下限位开关，下降电磁阀断电，下降停止，同时接通夹紧电磁阀，机械手夹紧；夹紧后，上升电磁阀通电，机械手上升。上升到顶时，碰到上限位开关，上升电磁阀断电，上升停止；同时接通右移电磁阀，机械手右移。右移到位时，碰到右限位开关，右移电磁阀断电，右移停止。若此时右工作台上无工件，则光电开关接通，下降电磁阀通电，机械手下降。下降到底时，碰到下限位开关，下降电磁阀断电，下降停止；同时夹紧电磁阀断电，机械手放松。放松后，上升电磁阀通电，机械手上升。上升到顶时，碰到上限位开关，上升电磁阀断电，上升停止；同时接通左移电磁阀，机械手左移。左移到原点时，碰到左限位开关，左移电磁阀断电，左移停止。至此，机械手经过 8 步动作完成一个周期动作。

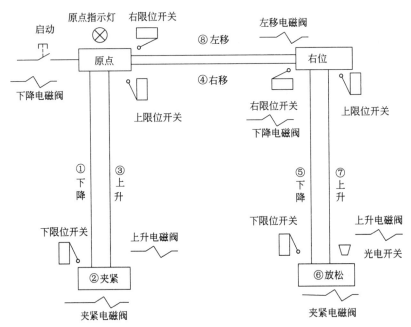

图 5-10　机械手动作过程示意图

机械手操作方式分为手动操作和自动操作方式。自动操作方式又分为步进、单周期和连续操作方式。

（1）手动操作

手动操作就是用按钮操作，对机械手的每一步运动单独进行控制。例如，当选择上/下运动时，按下启动按钮，机械手下降；按下停止按钮，机械手上升。当选择左/右运动时，按下启动按钮，机械手右移；按下停止按钮，机械手左移。当选择夹紧/放松运动时，按下启动按钮，机械手夹紧；按下停止按钮，机械手放松。

（2）步进操作

每按一次启动按钮，机械手完成一步动作后自动停止。

（3）单周期操作

机械手从原点开始，按一下启动按钮，机械手自动完成一个周期的动作后停止。

（4）连续操作

机械手从原点开始，按一下启动按钮，机械手的动作将自动地、连续不断地周期性循环。在工作中若按一下停止按钮，则机械手将继续完成一个周期的动作后，回到原点自动停止。

【相关知识】

跳转指令主要用于较复杂程序的设计，使用该类指令可以优化程序结构，增强程序功能。跳转指令可以使 PLC 编程的灵活性大大提高，使 PLC 可根据不同条件的判断，选择不同的程序段执行程序。与跳转有关的指令有两条：跳转指令（JMP）和标号指令（LBL）。

① 跳转指令　跳转指令使能输入有效时，使程序跳转到同一程序中的指定标号 n 处执行。

② 标号指令　标号指令用来标记程序段，作为跳转指令执行时跳转到目的位置。操作数 n 为 0～255 的字型数据。

跳转指令的使用方法如图 5-11 所示。

说明如下。

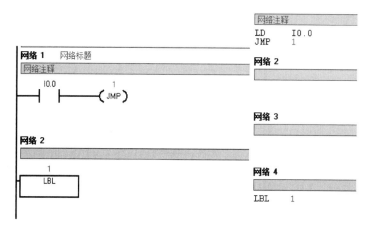

图 5-11　使用跳转指令的梯形图

① 跳转指令和标号指令必须配合使用，而且只能使用在同一程序中，如主程序、同一主程序或同一中断程序，不能在不同的程序块中相互跳转。

② 执行跳转后，被跳过程序段中的各元件状态如下。

a. Q、M、S、C 等元件的位保持跳转前的状态。

b. 计数器 C 停止计数，当前值存储器保持跳转前的计数值。

c. 对定时器来说，因刷新方式不同而工作状态不同。在跳转期间，分辨率为 1ms 和 10ms 的定时器会一直保持跳转前的工作状态，原来工作的继续工作，到设定值后，其位的状态也会改变，输出触点动作，其当前值存储器一直累计到最大值 32767 才停止。对分辨率为 100ms 的定时器来说，跳转期间停止工作，但不会复位，存储器里的值为跳转时的值，跳转结束后，若输入条件允许，可继续计时，但已失去了准确计时的意义。所以在跳转段里的定时器要慎用。

用跳转指令来编写设备的手动与自动控制切换程序，是一种常用的编程方式。

举例　用中转指令编程，控制两个灯，分别接于 Q0.0、Q0.1。控制要求如下：

① 要求能实现自动与手动控制的切换，切换开关接于 I0.0，若 I0.0 为 OFF，则为手动操作，若 I0.0 为 ON，则切换到自动运行；

② 手动控制时，能分别用一个开关控制它们的启停，两个灯的启停开关分别为 I0.1、I0.2；

③ 自动运行时，两个灯能每隔 1s 交替闪亮。

分析如下：可以采用跳转指令来编写控制程序，当 I0.0 为 OFF 时，把自动程序跳过，只执行手动程序；当 I0.0 为 ON 时，把手动程序跳过，只执行自动程序。设计程序如图 5-12 所示。

【任务实施】

步骤一　任务分析

机械手的全部动作由气缸置驱动，而气缸又由相应的电磁阀控制。其中，上升/下降和左移/右移分别由双线圈二位置电磁阀控制。例如，当下降电磁阀通电时，机械手下降；当下降电磁阀断电时，机械手下降停止。只有当上升电磁阀通电时，机械手才上升；当上升电磁阀断电时，机械手上升停止。同样，左移/右移分别由左移电磁阀和右移电磁阀控制。机械手的放松/夹紧由一个单线圈二位置电磁阀（称为夹紧电磁阀）控制。当该线圈通电时，

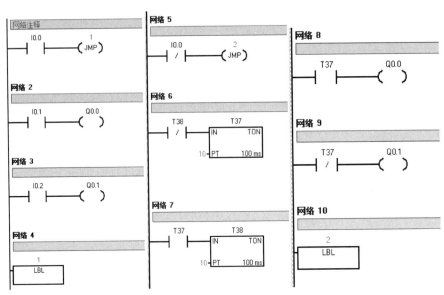

图 5-12 控制两个灯切换的梯形图

机械手夹紧；当该线圈断电时，机械手放松。

当机械手右移到位并准备下降时，为了确保安全，必须在右工作台无工件时才允许机械手下降。也就是说，若上一次搬运到右工作台上的工件尚未搬走时，机械手应自动停止下降，用光电开关 I0.5 进行无工件检测。

步骤二 制定 I/O 分配表（表 5-3）

表 5-3 机械手控制的 PLC 输入点和输出点分配表

输入元件	输入点地址	输出元件	输出点地址
启动按钮	I0.0	下降电磁阀	Q0.0
下限位开关	I0.1	上升电磁阀	Q0.1
上限位开关	I0.2	夹紧电磁阀	Q0.2
右限位开关	I0.3	右行电磁阀	Q0.3
左限位开关	I0.4	左行电磁阀	Q0.4
无工件检测开关	I0.5	原点指示灯	Q0.5
停止按钮	I0.6		
单操作	I0.7		
步进操作	I1.0		
单周期操作	I1.1		
连续操作	I1.2		
左与右	I1.3		
上与下	I1.4		
夹与松	I1.5		

步骤三 设计外部接线图

图 5-13 所示为操作面板布置图。接通 I0.7 是单操作方式。按加载选择开关的位置，用启动/停止按钮选择加载操作，当加载选择开关打到"左/右"位置时，按下启动按钮，机械手右行；若按下停止按钮，机械手左行。用上述操作可使机械手停在原点。

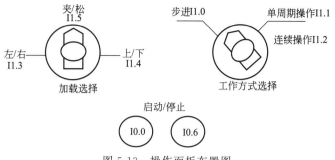

图 5-13 操作面板布置图

接通 I1.0 是步进方式。机械手在原点时，按下启动按钮，向前操作一步；每按启动按钮一次，操作一步。接通 I1.1 是单周期操作方式：机械手在原点时，按下启动按钮，自动操作一个周期。接通 I1.2 是连续操作方式：机械手在原点时，按下启动按钮，连续执行自动周期操作，当按下停止按钮，机械手完成此周期动作后自动回到原点并不再动作。

机械手控制系统采用的 PLC 是 S7-200 CPU214，图 5-14 是 S7-200 CPU214 输入/输出端子地址分配图。该机械手控制系统共使用了 14 个输入量和 6 个输出量。

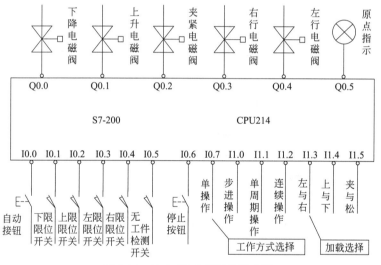

图 5-14 输入/输出端子地址分配

步骤四 编制 PLC 程序

机械手的整体程序结构如图 5-15 所示。若选择单操作工作方式，I0.7 断开，接着执行单操作程序。单操作程序可以独立于自动操作程序，可另行设计。

在单周期工作方式和连续操作方式下，可执行自动操作程序。在步进工作方式，执行步进操作程序，按一下启动按钮执行一个动作，并按规定顺序进行。

在需要自动操作方式时，中间继电器 M1.0 接通。步进工作方式、单操作工作方式和自动操作方式，都用同样的输出继电器。

（1）单操作工作顺序

图 5-16 是实现单操作工作的梯形图程序及指令表。为避免发生误动作，插入了一些联锁电路。例如，将加载开关扳到"左/右"挡，按下启动按钮，机械手向右行；按下停止按钮，机械手向左行。这两个动作只能当机械手处在上限位置时才能执行（即为安全起见，设上限安全联锁保护）。

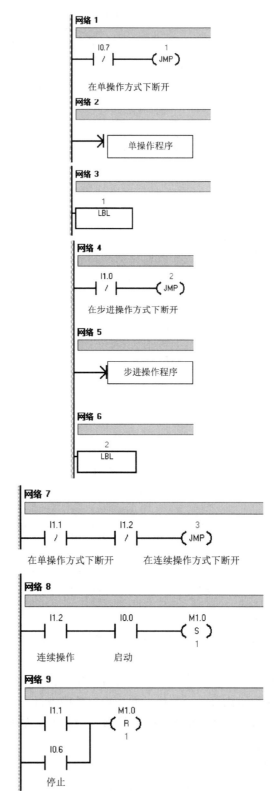

图 5-15

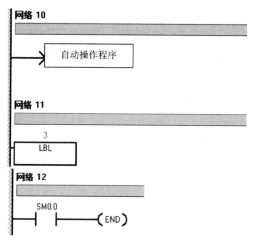

图 5-15　机械手的整体程序结构

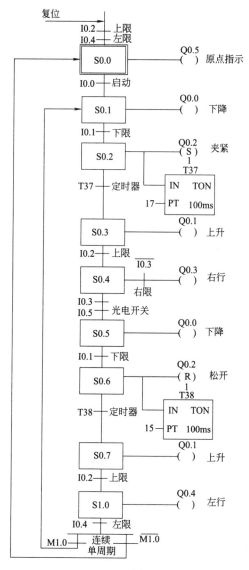

(a) 流程图

图 5-16

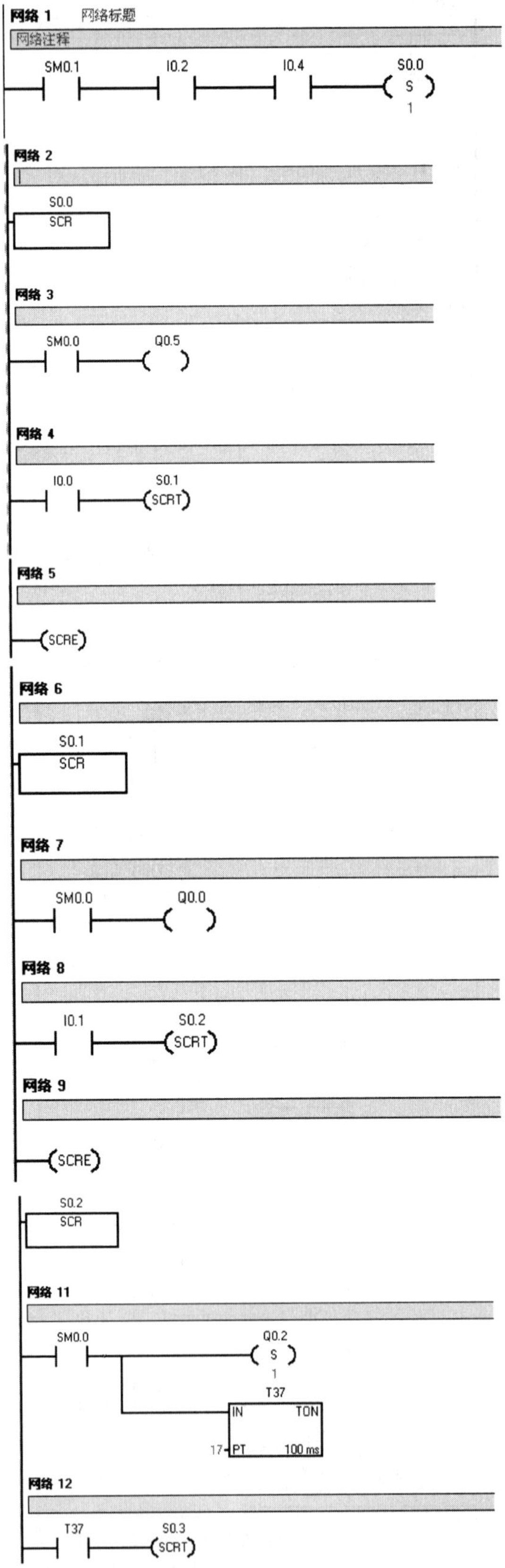

网络 1　网络标题
网络注释

```
  SM0.1      I0.2       I0.4       S0.0
  ─┤├────────┤├─────────┤├────────( S )
                                     1
```

网络 2

```
  S0.0
  SCR
```

网络 3

```
  SM0.0      Q0.5
  ─┤├────────(  )
```

网络 4

```
  I0.0       S0.1
  ─┤├───────(SCRT)
```

网络 5

```
  ─(SCRE)
```

网络 6

```
  S0.1
  SCR
```

网络 7

```
  SM0.0      Q0.0
  ─┤├────────(  )
```

网络 8

```
  I0.1       S0.2
  ─┤├───────(SCRT)
```

网络 9

```
  ─(SCRE)
```

```
  S0.2
  SCR
```

网络 11

```
  SM0.0                    Q0.2
  ─┤├────────┬────────────( S )
             │              1
             │            T37
             └──────────┤IN    TON
                     17─┤PT   100 ms
```

网络 12

```
  T37        S0.3
  ─┤├───────(SCRT)
```

图 5-16

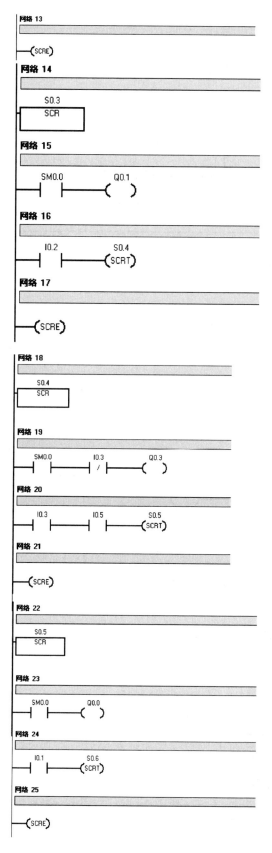

图 5-16

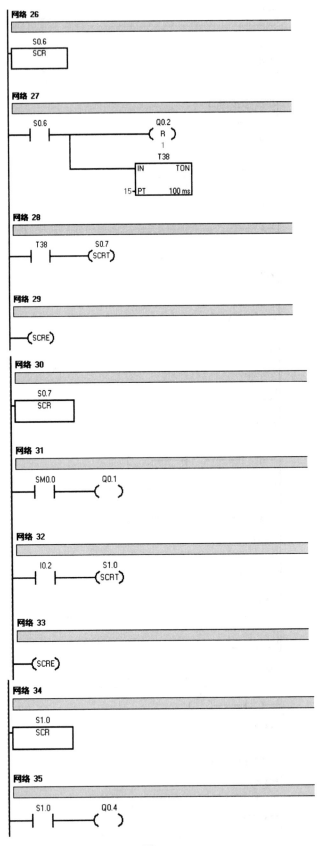

图 5-16

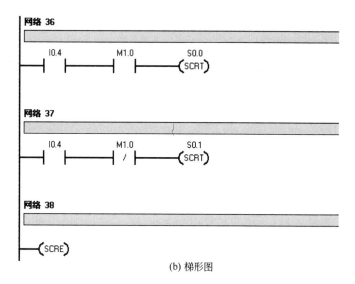

(b) 梯形图

图 5-16 机械手自动操作流程图与梯形图

将加载选择开关扳到"夹/松"挡，按启动按钮，执行夹紧动作；按停止按钮，松开。将加载选择开关扳到"上/下"挡，按启动按钮，下降；按停止按钮，上升。

（2）自动操作程序

图 5-16 也是机械手自动操作流程图与梯形图。

PLC 由 STOP 转为 RUN 时，初始脉冲 SM0.1 对状态进行初始复位。当机械手在原点时，将状态继电器 S0.0 置 1，这是第一步。按下启动按钮后，置位状态继电器 S0.1，同时将原工作状态继电器 S0.0 清零，输出继电器 Q0.0 得电，Q0.5 复位，原点指示灯熄灭，执行下降动作。当下降到底碰到下限位开关时，I0.1 接通，将状态继电器 S0.2 置 1，同时将状态继电器 S0.1 清零，输出继电器 Q0.0 复位，Q0.2 置 1，于是机械手停止下降，执行夹紧动作；定时器 T37 开始计时，延时 1.7s 后，接通 T37 动合触点，将状态继电器 S0.3 置 1，同时将状态继电器 S0.2 清零，而输出继电器 Q0.1 得电，执行上升动作。由于 Q0.2 已被置 1，夹紧动作继续执行。当上升到上限位时，I0.2 接通，将状态继电器 S0.4 置 1，同时将状态继电器 S0.3 清零，Q0.1 失电，不再上升，而 Q0.3 得电，执行右行动作。当右行至右限位时，I0.3 接通，Q0.3 失电，机械手停止右行，若此时 I0.5 接通，则将状态继电器 S0.5 置 1，同时将状态继电器 S0.4 清零，而 Q0.0 再次得电，执行下降动作，当下降到底碰到下限位开关时，I0.1 接通，将状态继电器 S0.6 置 1，同时将状态继电器 S0.5 清零，输出继电器 Q0.0 复位，Q0.2 被复位，于是机械手停止下降，执行松开动作；定时器 T38 开始计时，延时 1.5s 后，接通 T38 动合触点，将状态继电器 S0.7 置 1，同时将状态继电器 S0.6 清零，而输出继电器 Q0.1 再次得电，执行上升动作。行至上限位置，I0.2 接通，将状态器 S1.0 置 1，同时将状态继电器 S0.7 清零，Q0.1 失电，停止上升，而 Q0.4 得电，执行左移动作。到达左限位 I0.4 接通，将状态继电器 S1.0 清零。如果此时为连续工作状态，M1.0 置 1，即将状态继电器 S0.1 置 1，重复执行自动程序。若为单周期操作方式，状态继电器 S0.0 置 1，则机械手停在原点。

在运行中，如按停止按钮，机械手的动作执行完当前一个周期后，回到原点自动停止。

在运行中，若 PLC 掉电，机械手动作停止。重新启动时，先用手动操作将机械手移回原点，再按启动按钮，便可重新开始自动操作。步进动作是按下启动按钮动作一次。步进动作功能图与图 5-16 相似，只是每步动作都需按一次启动按钮，如图 5-17 所示。步进操作所

用的输出继电器、定时器与其他操作所用的输出继电器、定时器相同。继电器 S0.1 置 1，
重复执行自动程序。若为单周期操作方式，状态继电器 S0.0 置 1，则机械手停在原点。

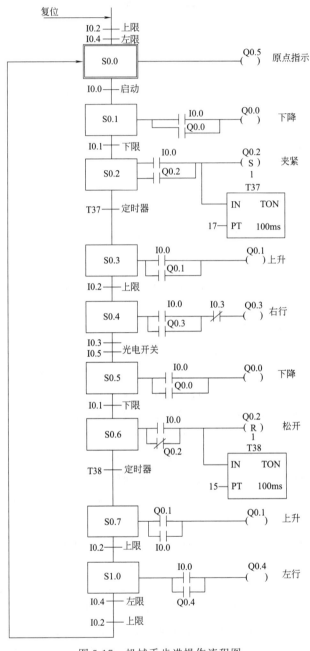

图 5-17　机械手步进操作流程图

【知识拓展】　顺序功能图转换梯形图——以转换为中心的编程方法

图 5-18 给出了以转换为中心的编程方法的顺序功能图与梯形图的对应关系。实现图中
I0.1 对应的转换需要同时满足两个条件，即该转换的前步是活动步（M1＝1）和转换条件
满足（I0.1＝1）。在梯形图中，可以用 M0.1 和 I0.1 的常开触点串联电路来表示上述条件。
该电路接通时，两个条件同时满足，此时应完成两个操作，即将该转换的后续步变为活动步

（用 S 指令将 M0.2 置位）和将该转换的前级步变为不活动步（用 R 指令将 M0.1 复位）。这种编程方法与转换实现的基本规则之间有着严格的对应关系，用它编制复杂的顺序功能图和梯形图时，更能显示出它的优越性。

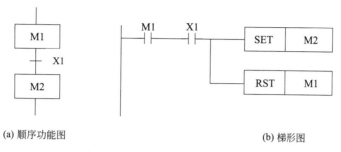

(a) 顺序功能图   (b) 梯形图

图 5-18　以转换为中心的编程方法

图 5-19 中的两条运输带顺序相连，为了避免运送的物料在 2 号运输带上堆积，按下启动按钮后，2 号运输带开始运行，5s 后 1 号运输带自动启动。停机的顺序与启动的顺序刚好相反，间隔仍然 5s。图 5-20 同时给出了控制系统的顺序功能图，图 5-21 为其梯形图。

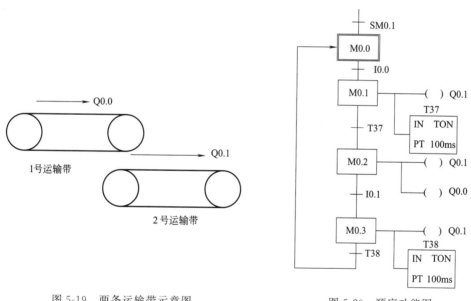

图 5-19　两条运输带示意图   图 5-20　顺序功能图

在顺序功能图中，如果某一转换所有的前级步都是活动步，并且相应的转换条件满足，则转换可实现。即所有由有向连线与相应转换符号相连的后续步都变为活动步，而所有由有向连线与相应转换符号相连的前级步都变为不活动步。在以转换为中心的编程方法中，用该转换所有前级步对应的辅助继电器的常开触点与转换对应的触点或电路串联，作为使所有后续步对应的辅助继电器置位（使用 S 指令）和使所有前级步对应的辅助继电器复位（使用 R 指令）的条件。在任何情况下，代表步的辅助继电器的控制电路都可以用这一原则来设计，每一个转换对应一个这样的控制置位和复位的电路块，有多少个转换就有多少个这样电路块。这种设计方法的特点是有规律，在设计复杂的顺序功能图的梯形图时既容易掌握，又不容易出错。

使用这种编程方法时，不能将输出继电器的线圈与 S 和 R 指令并联，这是因为前级步

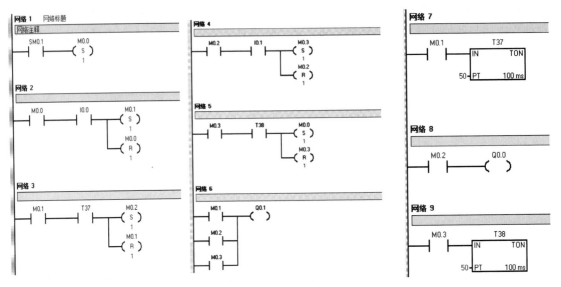

图 5-21　梯形图

和转换条件对应的串联电路接通的时间相当短（只有一个扫描周期），转换条件满足后前级步马上复位，在下一扫描周期控制置位、复位的串联电路被断开，而输出继电器的线圈至少应该在某一步对应的全部时间内被接通。所以应根据顺序控制功能图，用代表步的辅助继电器的常开触点或它们的并联电路来驱动输出继电器线圈。

【项目评价】

评价项目	考核内容	考核要求及评分标准	配分	自我评价	小组评价	教师评价
工艺程序输入	接线 布线工艺	按电气原理图接线且正确 10 分 工艺符合标准 10 分 顺序控制程序写入正确 10 分	30			
系统程序顺序功能控制	I/O 端子配置 顺序功能图设计 SCR 顺控程序编写	I/O 端子配置合理 10 分 功能图编写正确 20 分 梯形图能实现控制要求 20 分	50			
调试与运行	程序设计及运行	符合安全操作 5 分 运行符合预定要求 15 分	20			
总成绩			教师签字：			

【练习与思考】

5.1　某控制系统有 8 个限位开关（SQ1～SQ8）供自动程序使用，有 6 个按钮（SB1～SB6）供手动程序使用，有 4 个限位开关（SQ9～SQ12）供自动和手动两个程序公用，有 5 个接触器线圈，能否使用 CPU224 型的 PLC？如果能，请画出相应的硬件接线图。

5.2　如图 5-22 所示，某大厦统计进出大厦的人数，在唯一的门廊里设置了两个光电检测器，当有人进出时就会遮住光信号，检测器就会输出 ON 状态，反之为 OFF 状态。当检测器 A 的光信号被遮住时，若检测器 B 发出上升沿信号，可以认为有人进入大厦，若 B 发出下降沿信号，可以认为有人走出大厦。其时序图如图 5-23 所示。试设计一段程序，统计大厦内现在人数，达到限定人数（如 500 人时）发出报警信号。

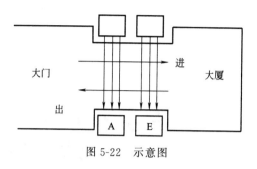

图 5-22　示意图

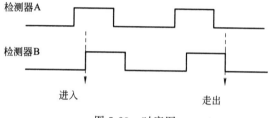

图 5-23　时序图

项目六

除尘室及装配流水线的运行控制

你知道吗?

PLC 作为一个计算机控制系统，不仅可以用来实现继电器控制系统的位控功能，而且也能够应用于多位数据的处理、过程控制等领域。这些用于特殊控制要求的指令，称之为功能指令。西门子 S7-200 PLC 具有丰富的功能指令，极大地拓宽了 PLC 的应用范围，增强了 PLC 编程的灵活性。它可以完成更为复杂的控制程序的编写，完成特殊工业环节的控制，使程序设计更加方便。

功能指令按用途可分为程序控制指令，传送、移位、循环指令，算术逻辑指令，表功能指令，转换指令，中断指令，高速计数器，高速脉冲输出，PID 运算指令等。

知识目标

① 了解传送指令、比较指令、运算指令的指令格式。

② 了解移位指令的指令格式。

③ 了解子程序调用、中断指令的格式及应用。

技能目标

① 能运用比较、传送指令完成除尘室的运行控制。

② 能运用移位指令完成装配流水线的运行控制。

③ 掌握功能指令的使用方法。

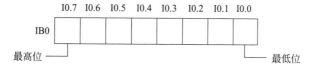

【任务描述】

在制药厂、水厂等一些对除尘要求比较严格的车间，人、物进入车间时首先需要进行除尘处理，除尘室在特定的时间开放。为了保证除尘操作的严格要求，现采用 PLC 对除尘室的门进行有效控制。

控制要求

进入车间时，首先打开第一道门进入除尘室，进行除尘。第一道门有两个传感器：第一道门打开时，开门传感器动作；第一道门关上时，关门传感器动作。第一道门关上后，风机开始吹风，电磁锁把第二道门锁上并延时 20s，20s 后，风机自动停止，电磁锁自动打开。第二道门打开时，相应的开门传感器动作，此时可打开第二道门进入车间内。除尘室控制示意图如图 6-1 所示。

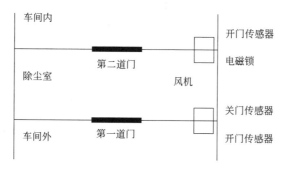

图 6-1 除尘室控制示意图

【相关知识】

认识西门子PLC的
数据类型、数据长度
及数据范围

一、数据类型

（1）位

格式举例 I ［字节地址］.［位地址］

如 I1.0 表示数字量输入映像区第 1 个字节的第 0 位。

（2）字节型（B）

字节型包括 IB、VB、QB、MB、SB、SMB、LB、AC、＊VD、＊LD、＊AC 和常数。

格式举例 IB ［起始字节地址］

	I0.7	I0.6	I0.5	I0.4	I0.3	I0.2	I0.1	I0.0
IB0								

最高位 ——   —— 最低位

（3）字型（W）

字型及 INT 型包括 IW、VW、QW、MW、SW、SMW、LW、AC、＊VD、＊LD、

＊AC 和常数。

格式举例　　IW［起始字节地址］

一个字包含两个字节，这两个字节的地址必须连续，其中低位字节是高 8 位，高位字节是低 8 位。

（4）双字型（DW）

双字型及 DINT 包括 ID、VD 、QD、MD、SD、SMD 等。

格式举例　　ID［起始字节地址］

一个双字含四个字节，这四个字节的地址必须连续，最低位字节在一个双字中是最高 8 位。

IB0	IB1	IB2	IB3
ID0			
最高8位	高8位	低8位	最低8位

二、传送指令

数据传送指令用于各个编程元件之间进行数据传送。按传送数据的类型分为字节传送、字传送、双字传送和实数传送。

（1）字节传送指令

字节传送指令格式如图 6-2（a）所示。移动字节（MOVE）指令将输入字节（IN）移至输出字节（OUT），不改变原来的数值。输入和输出操作数都为字节型数据，且输出操作数不能为常数。

（2）字传送指令

字传送指令格式如图 6-2（b）所示。移动字（MOVW）指令将输入字（IN）移至输出字（OUT），不改变原来的数值。输入和输出操作数都为字型或 INT 型数据，且输出操作数不能为常数。

（3）双字传送指令

双字传送指令格式如图 6-3（a）所示。移动双字（MOVD）指令将输入双字（IN）移至输出双字（OUT），不改变原来的数值。输入和输出操作数都为双字型或 DINT 型数据，且输出操作数不能为常数。

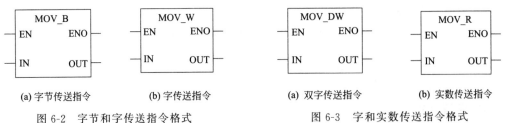

(a) 字节传送指令	(b) 字传送指令	(a) 双字传送指令	(b) 实数传送指令

图 6-2　字节和字传送指令格式　　　　　　图 6-3　字和实数传送指令格式

（4）实数传送指令

实数传送指令格式如图 6-3（b）所示。移动实数（MOVR）指令将 32 位、实数输入双字（IN）移至输出双字（OUT），不改变原来的数值。

三、比较指令

比较指令的应用

比较指令是将两个操作数 IN1 及 IN2 按指定的比较关系进行比较，如果比较关系成立，则比较触点闭合。

比较指令关系符有六种："＝＝"等于；"＞＝"大于等于；"＜＝"小于等于；"＞"大于；"＜"小于 ；" ＜＞"不等于。

（1）字节比较

字节比较用于比较两个字节型整数值 IN1 和 IN2 的大小，字节比较是无符号的。比较式可以是 LDB、AB 或 OB 后直接加比较运算符构成。如 LDB＝、AB＜＞、OB＞＝ 等。

整数 IN1 和 IN2 的寻址范围：VB、IB、QB、MB、SB、SMB、LB、＊VD、＊AC、＊LD 和常数。

举例 将字节 VB10 与 VB20 内的数据内容相比较，比较结果驱动 Q0.0 输出，如果 VB10 小于等于 VB20 内的数据，则比较结果为真，触点闭合，Q0.0 有输出。字节比较指令的应用如图 6-4 所示。

（2）整数比较

整数比较用于比较两个一字长整数值 IN1 和 IN2 的大小，整数比较是有符号的（整数范围为 16♯8000 和 16♯7FFF 之间）。比较式可以是 LDW、AW 或 OW 后直接加比较运算符构成。如 LDW＝、AW＜＞、OW＞＝ 等。

整数 IN1 和 IN2 的寻址范围：VW、IW、QW、MW、SW、SMW、LW、AIW、T、C、AC、＊VD、＊AC、＊LD 和常数。

举例 整数比较指令的应用如图 6-5 所示。

图 6-4　字节比较指令的应用

图 6-5　整数比较指令的应用

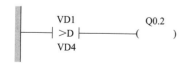

图 6-6　双字比较指令的应用

（3）双字整数比较

双字整数比较用于比较两个双字长整数值 IN1 和 IN2 的大小。双字整数比较是有符号的（双字整数范围为 16♯80000000 和 16♯7FFFFFFF 之间）。

举例 双字比较指令应用如图 6-6 所示。

四、加 1 和减 1 指令

（1）加 1 指令

加 1 指令格式如图 6-7 所示。使能输入有效时，把输入端 IN 数据加 1，输出结果 OUT。IN 和 OUT 为同一个存储单元。

加 1 指令的应用

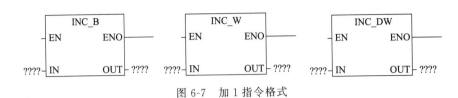

图 6-7 加 1 指令格式

(2) 减 1 指令

减 1 指令格式如图 6-8 所示。使能输入有效时，把输入端 IN 数据减 1，输出结果 OUT。IN 和 OUT 为同一个存储单元。

图 6-8 减 1 指令格式

【任务实施】

步骤一 分析控制要求，确定 I/O 分配地址

通过分析除尘室的控制要求，确定本任务有三个输入、两个输出，如表 6-1 所示。

表 6-1 除尘室的控制 I/O 分配表

输入		输出	
第一道门的开门传感器	I0.0	风机 1	Q0.0
第一道门的关门传感器	I0.1	风机 2	Q0.1
第二道门的开门传感器	I0.2	（第二道门电磁锁）	（Q0.2）

步骤二 确定除尘室 PLC 控制的外部接线图

如图 6-9 所示。

步骤三 编制 PLC 程序

详见图 6-10。

步骤四 调试运行

将程序下载至 PLC 后，调试监控运行状态。

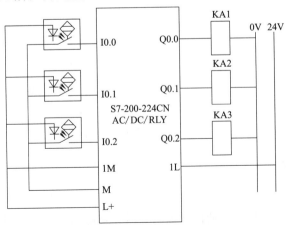

图 6-9 除尘室的外部接线图

网络1　网络标题i0.0

```
I0.0              M0.0
─┤├──────────────( S )        ;第一道门打开时，开门传感器I0.0有输入，M0.0置1
                    1
```

网络2　网络标题

```
I0.2              M0.1
─┤├──────────────( S )        ;第二道门打开，开门传感器I0.2有输入，M0.1置1
                    1
```

网络3

```
M0.0      SM0.5            ┌─INC_DW─┐
─┤├───────┤├──────────────┤EN   ENO├───→
                          │        │
                  VD100──┤IN   OUT├─VD100
                          └────────┘
```

;M0.0闭合，SM0.5产生周期1s脉冲，VD100加1

网络4

```
M0.1      SM0.5            ┌─INC_DW─┐
─┤├───────┤├──────────────┤EN   ENO├───→
                          │        │
                  VD200──┤IN   OUT├─VD200
                          └────────┘
```

;M0.1闭合，SM0.5产生周期1s脉冲，VD200加1

网络5

```
I0.1      VD100       M0.2
─┤├───────┤>D├───────( S )
          VD200        1
```

;第一道门关闭后，人进入第一道门和第二道门中间时，VD100大于VD200，M0.2置1

网络6

```
I0.1      M0.0      M0.2      Q0.0
─┤├───────┤├───────┤├───────( S )
                              3
```

;第一道门关闭，M0.0和M0.2闭合，Q0.0～Q0.2置位，风机1、2启动，第二道门电磁锁启动

网络7

```
Q0.0              ┌──────────┐
─┤├───────────────┤IN    TON │
                  │          │
          200────┤PT   100ms│
                  └──────────┘
```

;风机打开，T37开始计时

网络8

```
T37               Q0.0
─┤├──────────────( R )        ;计时时间到，风机自动关闭，电磁锁自动打开，第二道门打开
                    3
```

网络9

```
I0.1                  ┌──────────┐
─┤├──────┬────────────┤CU    CTU │
                      │    C0    │
I0.2     │            │          │
─┤├──────┘            │          │
                      │          │
C0                    │          │
─┤├───────────────────┤R         │
                      │          │
                2────┤PV         │
                      └──────────┘
```

图 6-10

网络 10

; 第一道门关闭时，第二道门打开，C0各计数1次，共计数2次

```
C0              M0.0
├─┤ ├───────────( R )
                  3
```

; 计数器C0常开触点闭合，M0.0～M0.2复位

网络 11

```
C0
├─┤ ├──┬──────┌──────────────┐
        │      │   MOV_DW    │─┐
        │      │ EN      ENO │ │
        │      │             │
        │    0─┤ IN      OUT ├─ VD100
        │      └──────────────┘
        │
        └──────┌──────────────┐
               │   MOV_DW    │─┐
               │ EN      ENO │ │
               │             │
             0─┤ IN      OUT ├─ VD200
               └──────────────┘
```

; 计数器C0常开触点闭合，将0传送至VD100、VD200

图 6-10　除尘室的控制程序

【知识拓展】

算术运算指令除了前面介绍的加1、减1指令，还有加法、减法、乘法、除法指令。

（1）加法指令

加法指令的格式如图 6-11 所示。

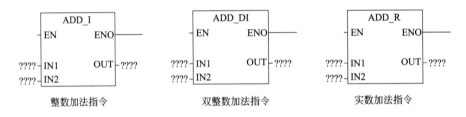

图 6-11　加法指令格式

加法指令的功能：当使能端有效时，指令将两个 16 位整数（32 位双字整数或实数）相加，并产生一个 16 位（32 位双字整数或实数）的结果（OUT）。

加法指令结果将影响特殊内存位：SM1.0（零结果）、SM1.1（溢出）SM1.2（负结果）。

（2）减法指令

减法指令的格式如图 6-12 所示。

图 6-12　减法指令格式

减法指令的功能：当使能端有效时，指令将两个 16 位整数（32 位双字整数或实数）相减，并产生一个 16 位（32 位双字整数或实数）的结果（OUT）。

减法指令结果将影响特殊内存位：SM1.0（零结果）、SM1.1（溢出）SM1.2（负结果）。

（3）乘法指令

乘法指令的格式如图 6-13 所示。

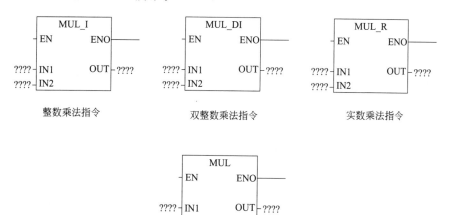

整数乘法指令　　　双整数乘法指令　　　实数乘法指令

完全整数乘法指令

图 6-13　乘法指令格式

整数、双整数、实数乘法指令的功能：当使能端有效时，将两个输入端的有符号字整数（双字整数或实数）相乘，结果输出到 OUT。当输出结果的位数超过输入端的数据位数时，则产生溢出。

完全整数乘法指令的功能：使能端有效时，指令将两个 16 位整数相乘，得出一个 32 位乘积，结果输出到 OUT。

（4）除法指令

除法指令的格式如图 6-14 所示。

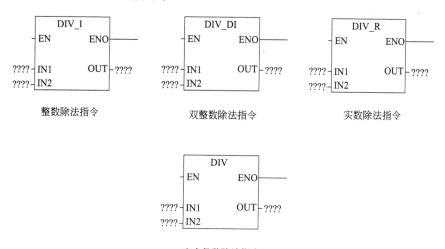

整数除法指令　　　双整数除法指令　　　实数除法指令

完全整数除法指令

图 6-14　除法指令格式

整数、双整数、实数除法指令的功能：当使能端有效时，将两个输入端的有符号字整数（双字整数或实数）相除，即 INT1/INT2＝OUT，结果输出到 OUT。

完全除法指令的功能：当使能端有效时，将两个 16 位整数相除，得出一个 32 位结果，其中包括一个 16 位余数（高位）和一个 16 位商（低位）。

任务二　装配流水线的控制

【任务描述】

某车间的装配流水线总体控制要求如图 6-15 所示，系统中的操作工位 ABC、运输工位 DEFG 及仓库操作工位 H 能对工件进行循环处理。

控制要求

① 启动操作　闭合启动开关，工件每隔 5s 依次经过传送工位 D 传送至操作工位 A，在此工位完成加工后，再由传送工位 E 送至操作 B，依次传送及加工，直至工件被送至仓库操作工位 H，由该工位完成对工件的入库操作循环处理。系统可以实现自动循环进行下一个流程。

② 复位操作　在启动开关闭合的同时，按下"复位"键，无论此时工件位于任何工位，系统均能复位到起始位置，即工件又重新开始从传送工位 D 开始运送加工。

③ 移位操作　在启动开关闭合的同时，按下"移位"键，此时工件位于任何工位，系统均能进入单步移位状态，即每按一次"移位"键工件前进一个工位，此时不受时间的影响。

④ 停止操作　按下停止按钮，立即停止一切运行动作。

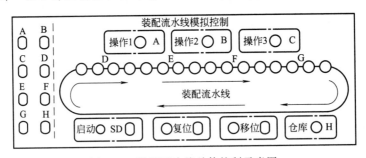

图 6-15　装配流水线总体控制示意图

【相关知识】

一、移位指令

移位指令的格式如图 6-16 所示。

左移位指令的功能：将输入 IN 端指定的数据左移 N 位，结果放入 OUT 单元中。

右移位指令的功能：将输入 IN 端指定的数据右移 N 位，结果放入 OUT 单元中。

移动位数 N 为字节型数据，但字节、字、双字移位指令的实际最大可移位数分别为 8、16、32。

举例　移位指令的应用。

对于移位指令，无论左移还是右移，每次移出的数据都要存储到特殊存储器位 SM1.1 中，最终 SM1.1 的数据由最后移出位的值决定。详见图 6-17。

二、循环移位指令

循环移位指令的格式如图 6-18 所示。

循环左移位指令的功能：将输入端指定的数据循环左移 N 位，结果放入 OUT 中。

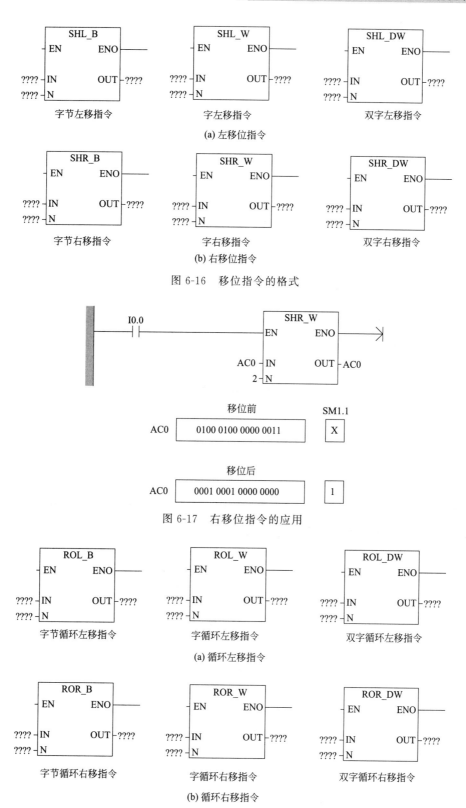

图 6-16 移位指令的格式

图 6-17 右移位指令的应用

图 6-18 循环移位指令的格式

循环右移位指令的功能：将输入端指定的数据循环右移 N 位，结果放入 OUT 中。

举例 循环移位指令的应用如图 6-19 所示。

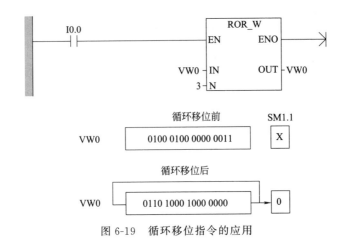

图 6-19　循环移位指令的应用

【任务实施】

步骤一　分析控制要求，确定 I/O 分配地址

通过分析装配流水线的控制要求，确定了本任务有 4 个输入、8 个输出，详细分配如表 6-2 所示。

表 6-2　装配流水线的控制 I/O 分配表

输入		输出			
启动开关	I0.0	运料工位 D	Q0.0	运料工位 F	Q0.4
复位按钮	I0.1	操作工位 A	Q0.1	操作工位 C	Q0.5
移位按钮	I0.2	运料工位 E	Q0.2	运料工位 G	Q0.6
停止按钮	I0.3	操作工位 B	Q0.3	仓库工位 H	Q0.7

步骤二　绘制装配流水线的外部接线图

详见图 6-20。

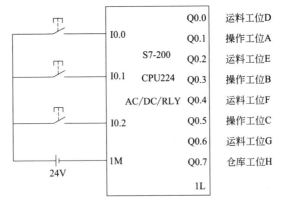

图 6-20　装配流水线的外部接线图

步骤三　编制 PLC 程序

程序如图 6-21 所示。

步骤四　调试运行

将程序下载至 PLC 后，进行系统调试，监控运行状态。

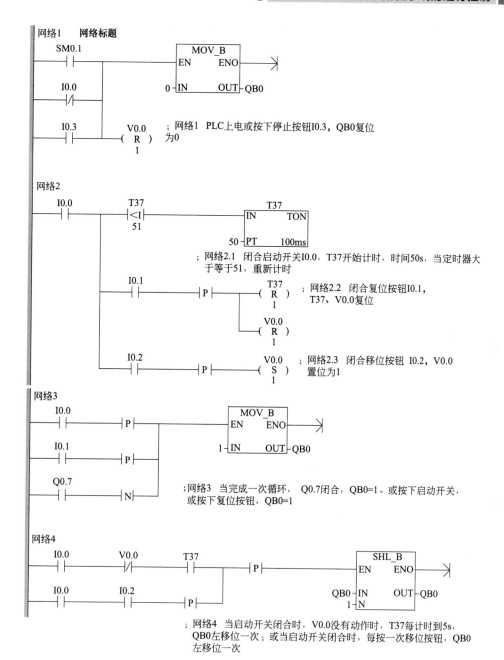

图 6-21 装配流水线的 PLC 控制程序

【知识拓展】

一、子程序

（1）子程序的建立

方法一：用编程软件"编辑菜单"中"插入"子程序命令建立一个新的子程序。

方法二：从程序编辑器视窗右击鼠标，弹出菜单，选择插入一个子程序。

（2）子程序指令

子程序指令有子程序调用指令和子程序条件返回指令。

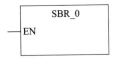

图 6-22　子程序调用
指令

① 子程序调用指令 CALL　使能有效时，将程序流程转到子程序 SBR_N 入口，开始执行子程序。指令格式如图 6-22 所示。

② 子程序条件返回指令 CRET　使能输入有效，结束子程序的执行，返回主程序中，调用此子程序的下一条指令继续执行。编程软件将自动添加子程序无条件结束指令 RET。

(3) 带参数的子程序

子程序中可以带有参数。带有参数的子程序在调用时极大地扩大了子程序的使用范围。子程序调用过程中，如果存在数据传递，则在调用指令中包含了相应的参数。

① 子程序的参数定义　子程序最多可以传递 16 个参数。参数在子程序的局部变量表中加以定义，定义包含变量名、变量类型和数据类型。

a. 变量名　最多用 8 个字符表示，第一个字符不能是数字。

b. 变量类型　子程序中按变量对应数据的传递方向规定了 4 种变量类型。

IN 类型：传入子程序参数。所指定参数可以是直接寻址数据（如 VB100）、间接寻址数据（如 *AC0）、常数据或数据地址值（如 &VB100）。

● IN/OUT 类型：传入传出子程序参数。调用时将指定参数位置的值传到子程序，返回时从子程序得到的结果值被返回到同一地址。其参数可以采用直接和间接寻址数据。

● OUT 类型：传出子程序参数。将子程序的运行结果值返回指定参数位置。输出参数可以采用直接和间接寻址数据。

● TEMP 类型：临时变量参数。在子程序内部暂时存储数据，不能用来与调用程序传递参数数据。

c. 数据类型　局部变量表中必须对每个参数的数据类型进行声明。数据类型包括能流、布尔型、字节型、字型、双字型、整数型和实型。

● 能流：布尔型，仅能对位输入操作，是位逻辑运算的结果。在局部变量表中，布尔能流输入必须在第一行对 EN 端口进行定义。

● 布尔型：用于单独的位输入和输出。

● 字节、字、双字型：分别声明 1 个字节、2 个字节、4 个字节的无符号输入和输出参数。

● 整数和双整数型：分别声明一个 2 字节或 4 字节的有符号输入或输出参数。

● 实型：32 位浮点参数。

② 带参数子程序调用的规则

a. 常数参数必须声明数据类型。如将值为 1122331 的无符号双字作为参数传递时，必须用 DW#112233 来声明。缺少声明时，常数可能会被当做不同类型使用。

b. 参数传递中没有数据类型的自动转换功能。如局部变量表中声明某个参数为实型，而在调用时使用一个双字型，则子程序中的值就是双字型。

c. 参数在调用时，必须按照 IN 类型、IN/OUT 类型、OUT 类型、TEMP 类型这一顺序排列。

③ 变量表的使用　按照子程序指令的调用顺序，参数值分配各局部变量存储器，起始地址是 L0.0。使用编程软件时，地址分配是自动的。在局部变量表中要加入一个参数，单击要加入的变量类型区可以得到一个选择菜单，选择"插入"，然后选择"下一行"即可。局部变量表使用局部变量存储器。

当在局部变量表中加入一个参数时，系统自动给各参数分配局部变量存储空间。

带参数子程序调用指令格式：

CALL 子程序名，参数 1，参数 2…，参数 n

在建立一个子程序时，局部变量表中给各参数赋名称，选定变量类型，如表 6-3 所示。

表 6-3 局部变量表

地址	符号	变量类型	数据类型	注释
	EN	IN	BOOL	
L0.0	IN1	IN	BOOL	第 1 个输入参数，布尔型
LB1	IN2	IN	BYTE	第 2 个输入参数，字节型
L2.0	IN3	IN	BOOL	第 3 个输入参数，布尔型
LD3	IN4	IN	DWORD	第 4 个输入参数，双字型
LW7	IN_OUT	IN_OUT	WORD	第 1 个输入/输出参数，字型
LD9	OUT1	OUT	DWORD	第 1 个输出参数，双字型
		OUT		
		TEMP		

带参数的子程序调用的应用如图 6-23 所示。

子程序使用说明如下。

① CRET 多用于子程序内部，在条件满足时结束子程序的调用。在子程序的最后，编程软件将自动添加子程序无条件结束指令 RET。

② 程序中一共可有 64 个子程序。子程序可以嵌套运行，即在子程序的内部有另一个子程序执行调用指令。子程序的嵌套深度最多为 8 级。

③ 在子程序内不得使用 END 语句。

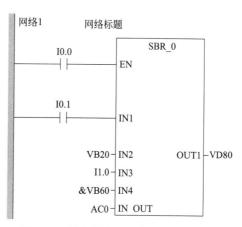

图 6-23 带参数的子程序调用的应用

二、中断

（1）中断的概念

PLC 的基本工作方式是循环工作方式。在循环扫描过程中，为了处理紧急事件，还可以进入中断工作方式。中断是指系统暂时停止循环扫描，而去调用中断服务程序处理紧急事件，处理完毕后再返回原处继续执行。能够用中断方式处理的特定事件称为中断事件。中断事件是随机发生且必须立即响应的事件，它与一般的子程序调用不同。

（2）中断源

中断源是中断事件向 PLC 发出中断请求的来源。S7-200 CPU 最多可达 34 个中断源，每个中断源分配一个编号用于识别，称为中断事件号。这些中断源大致分为三大类：通信中断、输入/输出中断、时基中断。

① 通信中断　PLC的通信接口可由程序来控制。通信中的这种操作模式称作自由口通信模式，利用数据接收和发送中断可以对通信进行控制。在该模式下，用户可以通过编程来设置波特率、奇偶校验和通信协议等参数。

② 输入/输出中断　输入/输出中断包括外部输入中断、高速计数器中断和脉冲串输出中断。外部输入中断是利用I0.0～I0.3的上升沿或下降沿产生中断，这些输入点可用做连接某些一旦发生就必须引起注意的外部事件。高速计数器中断可以响应当前值等于预设值、计数方向改变、计数器外部复位等事件所引起的中断。脉冲串输出中断可以用来响应给定数量的脉冲输出完成所引起的中断，其典型应用是对步进电动机的控制。

③ 时基中断　时基中断包括定时中断和定时器中断。

a. 定时中断可用来支持一个周期性的活动，周期时间以1ms为计量单位，周期时间可以是1～255ms。对于定时中断0，把周期时间值写入到SMB34；对于定时中断1，把周期时间值写入到SMB35。每当达到定时时间值，相关定时器溢出，执行中断程序。定时中断可以用来以固定的时间间隔作为采样周期来对模拟量输入进行采样，也可以用来执行一个PID控制回路。定时中断在自由口通信编程时非常有用。

b. 定时器中断可以利用定时器来对一个指定的时间段产生中断。这类中断只能使用分辨率为1ms的定时器T32和T96来实现。当所用定时器的当前值等于预设值时，在主机正常的定时刷新中执行中断程序。

(3) 中断优先级

S7-200 PLC的中断优先级由高到低依次是通信中断、输入/输出中断、时基中断，每种中断中的不同中断事件也有不同的优先权，详见表6-4。

表6-4　中断事件及优先级

优先级分组	组内优先级	中断事件号	中断事件说明	中断事件类别
通信中断	0	8	通信口0:接收字符	通信口0
	0	9	通信口0:发送完成	
	0	23	通信口0:接收信息完成	
	1	24	通信口1:接收信息完成	通信口1
	1	25	通信口1:接收字符	
	1	26	通信口1:发送完成	
I/O中断	0	19	PTO0脉冲串输出完成中断	脉冲输出
	1	20	PTO1脉冲串输出完成中断	
	2	0	I0.0上升沿中断	外部输入
	3	2	I0.1上升沿中断	
	4	4	I0.2上升沿中断	
	5	6	I0.3上升沿中断	
	6	1	I0.0下降沿中断	
	7	3	I0.1下降沿中断	
	8	5	I0.2下降沿中断	
	9	7	I0.3下降沿中断	

续表

优先级分组	组内优先级	中断事件号	中断事件说明	中断事件类别
I/O 中断	10	12	HSC0 当前值＝预置值中断	高速计数器
	11	27	HSC0 计数方向改变中断	
	12	28	HSC0 外部复位中断	
	13	13	HSC1 当前值＝预置值中断	
	14	14	HSC1 计数方向改变中断	
	15	15	HSC1 外部复位中断	
	16	16	HSC2 当前值＝预置值中断	
	17	17	HSC2 计数方向改变中断	
	18	18	HSC2 外部复位中断	
	19	32	HSC3 当前值＝预置值中断	
	20	29	HSC4 当前值＝预置值中断	
	21	30	HSC4 计数方向改变中断	
	22	31	HSC4 外部复位中断	
	23	33	HSC5 当前值＝预置值中断	
时基中断	0	10	定时中断 0	定时
	1	11	定时中断 1	
	2	21	定时器 T32CT＝PT 中断	定时器
	3	22	定时器 T96CT＝PT 中断	

（4）中断指令

中断指令有 4 条，包括开、关中断指令，中断连接，分离指令。

① 开、关中断指令　开中断指令（ENI）允许所有中断事件，关中断（DISI）指令全局性禁止所有中断事件。

(a) 开中断　　　　　(b) 关中断

图 6-24　中断指令格式

PLC 转换到 RUN（运行）模式时，中断开始时被禁用，可以通过执行开中断指令，允许所有中断事件。执行关中断指令会禁止处理中断，但是现用中断事件将继续排队等候。

指令格式如图 6-24 所示。

② 中断连接和分离指令　中断连接（ATCH）指令将中断事件（EVNT）与中断程序（INT）相连接，并启用中断事件。

分离中断（DTCH）指令取消某中断事件（EVNT）与所有中断程序之间的连接，并禁用中断事件。

指令格式如图 6-25 所示。

（5）中断程序

中断程序是为处理中断事件而事先编写好的程序。中断程序不是由程序调用的，而是在中断事件发生时由操作系统调用。中断程序应实现特定的任务，应"越短越好"。在中断程序中禁止使用 DISI、ENI、HDEF、LSCR 和 END 指令。

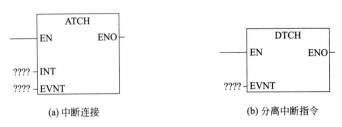

(a) 中断连接   (b) 分离中断指令

图 6-25   中断连接和分离指令的指令格式

举例

① 编写由 I0.1 的上升沿产生的中断程序。要求当 I0.1 的上升沿产生时，立即把 QW2 的当前值变为 I0。

分析   查表可知，I0.1 的上升沿产生的中断属于中断事件 2，所以在主程序中用 ATCH 指令将事件号 2 和中断程序 0 连接起来，并全局开中断。主程序和中断程序如图 6-26 所示。

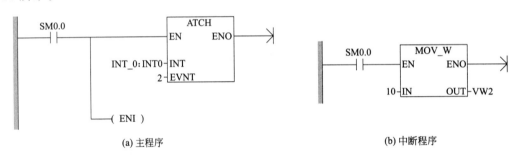

(a) 主程序   (b) 中断程序

图 6-26   输入中断的应用

② 编程实现 Q0.0 输出的 4s 一周期的方波。

分析   要产生时间周期的变化，可以使用定时器中断。查表可知，定时中断器 T32 中断的中断事件号为 21，将中断事件 21 和 INT _ 0 连接，全局开中断。程序如图 6-27 所示。

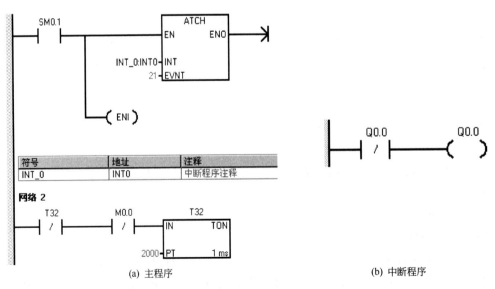

(a) 主程序   (b) 中断程序

图 6-27   输出中断的应用

【项目评价】

评价项目	考核内容	考核要求及评分标准	配分	自我评价	小组评价	教师评价
工艺分析 设计正确	1.I/O分配表正确 2.输入输出接线图正确	1.分析控制工艺,确定I/O分配表10分,分配表每错一处扣2分 2.外部接线图绘制正确10分,每错一处符号扣1分	20			
安装接线 正确	1.元件选择、布局合理,安装符合要求 2.布线合理美观	1.元件选择合理10分,选择错误,扣3分/处,元件安装不牢固,扣3分/处 2.布线合理、美观10分,每交叉接线一处扣3分	20			
调试与 运行	1.程序编制实现功能 2.操作步骤正确 3.接负载试车成功	1.程序设计20分,未实现一个功能扣3分 2.系统下载、调试正确10分,操作失误每次扣2分 3.外部负载连接正确10分,每错一处扣3分	40			
小组协作 配合	小组成员分工合理团结协作	1.成员未分工,此项为0分 2.教师过程考核中,小组成员回答问题错误,每一次减2分	10			
安全规范 操作	按照安全规程操作,无安全事故	1.未按规定操作,一次扣5分 2.出现安全事故,此项为0分	10			
总成绩			教师签字:			

【练习与思考】

6.1 使用所学习的功能指令实现以下功能:当计数器C20计数脉冲在低于10的时候Q0.0有输出,在等于20的时候Q0.1有输出,在大于20的时候Q0.2有输出。

6.2 使用所学习的功能指令实现以下功能:将4只彩灯分别连接至Q0.0～Q0.3,I0.0为ON时开始工作。Q0.0先亮,然后Q0.1、Q0.2、Q0.3相继每隔1s点亮一个。全部点亮后,再逆序每隔1s熄灭1只,直至全部熄灭1s后,重新循环。

项目七

变频器与PLC的联合调速

你知道吗?

在工业企业中经常需要对一些物理量进行控制,如空调系统的温度、供水系统的水压、通风系统的风量等,这些系统绝大多数是用交流电动机驱动的。根据交流电动机的特性,要实现连续平滑的速度调节,最佳的方法就是采用变频器调速。变频器是将频率、电压固定的交流电转变成频率、电压连续可调的交流电的装置,将变频器输出的交流电供给电动机,即可实现对电动机转速的调节。采用变频器驱动风机、水泵进行的节能改造,不仅避免了由于采用挡板或阀门造成的电能浪费,而且会极大提高控制和调节的精度。

变频器根据输入的控制信号也叫操作指令,如启动、停止、正转、反转、点动、复位等进行运行。变频器常见的控制方式有操作面板(BOP)控制、外部端子控制及通信控制方式等。

① 操作面板(BOP)控制 即本机控制,是通过面板上的键盘如 RUN 和 STOP 键输入操作指令。大多数变频器的面板都可以取下,安置到操作方便的地方,面板和变频器之间用延长线相连接,从而实现距离较远的控制。

② 外部端子控制 操作指令通过按钮、开关或 PLC 输出端口等开关信号,接入变频器控制电路的数字量输入端子来进行控制。使用 PLC 控制变频器,可以实现较为复杂的调速控制。

③ 通信控制 操作指令通过变频器的通信端口控制变频器的运行。变频器常用的通信端口有串口通信的 RS-485、RS-422 等,现场总线通信的 Profibus、MODBUS、CAN 等。

知识目标

① 熟悉西门子MM440变频器常用参数功能。

② 学会使用MM440变频器实现正反转、多段速控制方法。

③ 掌握PLC使用外部端子控制变频器运行的接线连接。

④ 掌握PLC控制变频器运行的梯形图程序设计方法。

技能目标

① 能够设置西门子MM440变频器常用参数。

② 能够完成PLC控制变频器运行线路的设计与安装。

③ 能够设计、制作PLC控制变频器运行线路并完成系统调试。

任务一 变频器的操作面板（BOP）控制

【任务描述】

西门子MM440变频器属于MICROMASTER系列通用变频器，可满足0.12~250kW功率范围的驱动应用要求，适用于从电压-频率控制（V/f控制）的简单应用，直至采用闭环矢量控制和编码器反馈的复杂应用。

MM440变频器基本操作面板（BOP）如图7-1所示。

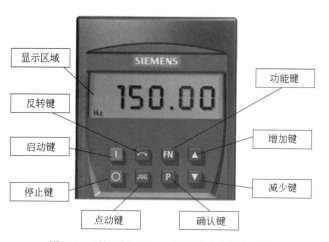

变频器的拆装

图7-1 西门子MM440变频器基本操作面板

控制要求

在基本操作面板上按下启动键（ ），变频器驱动电动机升速，并按照30Hz的频率运行，按下增加键（ ），变频器速度升到50Hz；按下反转（ ）键，变频器反转；按下减少键（ ），变频器速度降到10Hz；按下停止键（ ），变频器停止运行。

变频器BOP面板
操作

【相关知识】

一、西门子 MM440 变频器基本操作面板（BOP）功能及参数设置

（1）基本操作面板（BOP）功能说明

基本操作面板（BOP）有 5 位七段显示的数字或字符，可以显示参数的序号、数值、报警和故障信息等，各部分功能说明如表 7-1 所示。

表 7-1 基本操作面板（BOP）功能说明

显示/按钮	功能	功能说明
r0000	状态显示	LCD 显示变频器当前的设定值
I	启动变频器	按此键启动变频器。缺省值运行时此键是被封锁的。为了使此键的操作有效,应设定 P0700＝1
O	停止变频器	OFF1:按此键,变频器将按选定的斜坡下降速率减速停车。缺省值运行时此键被封锁。为了允许此键操作,应设定 P0700＝1 OFF2:按此键两次(或一次,但时间较长),电动机将在惯性作用下自由停车。此功能总是"使能"的
⟳	改变电动机的转动方向	按此键可以改变电动机的转动方向。电动机的反向用负号(一)表示或用闪烁的小数点表示。缺省值运行时此键是被封锁的。为了使此键的操作有效,应设定 P0700＝1
jog	电动机点动	在变频器无输出的情况下按此键,将使电动机启动,并按预设定的点动频率运行。释放此键时,变频器停车。如果电动机正在运行,按此键将不起作用
Fn	功能	此键用于浏览辅助信息 变频器运行过程中,在显示任何一个参数时按下此键并保持不动 2s,将显示以下参数值(在变频器运行中,从任何一个参数开始): 1.直流回路电压(用 d 表示,单位:V); 2.输出电流(A); 3.输出频率(Hz); 4.输出电压(用 o 表示,单位:V); 5.由 P0005 选定的数值(如果 P0005 选择显示上述参数中的任何一个,这里将不再显示) 连续多次按下此键,将轮流显示以上参数 跳转功能:在显示任何一个参数(rXXXX 或 PXXXX)时,短时间按下此键,将立即跳转到 r0000。如果需要的话,可以接着修改其他的参数。跳转到 r0000 后,按此键将返回原来的显示点 故障确认:在出现故障或报警的情况下,按下此键可以对故障或报警进行确认
P	访问参数	按此键即可访问参数
▲	增加数值	按此键即可增加面板上显示的参数数值
▼	减少数值	按此键即可减少面板上显示的参数数值

（2）用基本操作面板更改参数的数值

MM440 有两种参数类型：以字母 P 开头的参数为用户可改动的参数，使用基本操作面板可对其进行修改；以字母 r 开头的参数表示本参数为只读参数，不能修改。

① 改变参数 P0004　参数 P0004（参数过滤器）的作用是根据所选定的一组功能，对参数进行过滤（或筛选），并集中对过滤出的一组参数进行访问。改变参数 P0004 操作方法如表 7-2 所示。

表 7-2　改变参数 P0004 操作方法

	操作步骤	显示的结果
1	按 Ⓟ 访问参数	r0000
2	按 ▲ 直到显示出 P0004	P0004
3	按 Ⓟ 进入参数数值访问级	0
4	按 ▲ 或 ▼ 达到所需要的数值	3
5	按 Ⓟ 确认并存储参数的数值	P0004
6	按 ▼ 直到显示出 r0000	r0000
7	按 Ⓟ 返回标准的变频器显示	

② 改变下标参数 P0719　MM440 变频器中所有参数分成命令参数组 CDS（Command data set）和与电动机、负载相关的驱动参数组 DDS（Drive data set）两大类。每个参数组又分为三组。其结构如图 7-2 所示。

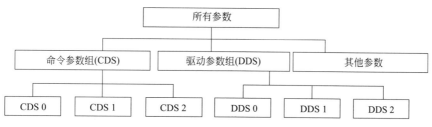

图 7-2　MM440 变频器参数结构

默认状态下使用的当前参数组是第 0 组参数，即 CDS0 和 DDS0。本书后面如果没有特殊说明，所访问的参数都是指当前参数组。

举例　P0719 的第 0 组参数，在 BOP 上显示为 P0719.0、P0719[0] 或者 P1000in000 等形式。在本书中为了一致，均以 P0719[0] 的形式表示 P0719 的第 0 组参数。改变下标参数 P0719[0] 的操作方法如表 7-3 所示。

说明：修改参数的数值时，BOP 有时会显示 p----，表明变频器正忙于处理优先级更高的任务。

表 7-3　改变下标参数 P0719[0] 操作方法

	操作步骤	显示的结果
1	按 P 访问参数	r0000
2	按 ▲ 直到显示出 P0719	P0719
3	按 P 进入参数数值访问级	in000
4	按 P 显示当前的设定值	0
5	按 ▲ 或 ▼ 选择运行所需要的最大频率	3
6	按 P 确认并存储 P0719 的设定值	P0719
7	按 ▼ 直到显示出 r0000	r0000
8	按 P 返回标准的变频器显示	

③ 快速修改参数的数值　为了快速修改参数的数值，可以一个个地单独修改显示出的每个数字，操作步骤如下：

a. 按 Fn（功能键），最右边的一个数字闪烁；

b. 按 ▲/▼，修改这位数字的数值；

c. 再按 Fn（功能键），相邻的下一个数字闪烁；

d. 执行 b、c 步，直到显示出所要求的数值；

e. 按 P 退出参数数值的访问级。

二、变频器的调试过程

通常一台新的 MM440 变频器需要经过三个步骤进行调试，如图 7-3 所示。

图 7-3　MM440 变频器调试步骤

(1) 参数复位

参数复位，是将变频器参数恢复到出厂状态下默认值的操作。在变频器初次调试，或者参数设置混乱时，需要执行该操作，以便于将变频器的参数值恢复到一个确定的默认状态。

为了把变频器的全部参数复位为工厂的缺省设定值，应该按照下面的数值设定参数：

- 设定 P0010＝30；
- 设定 P0970＝1。

完成复位过程如图 7-4 所示。

(2) 快速调试

快速调试状态，需要用户输入电动机相关的参数和一些基本驱动控制参数，使变频器可以良好地驱动电动机运转。一般在复位操作后或者更换电动机后，需要进行此操作。

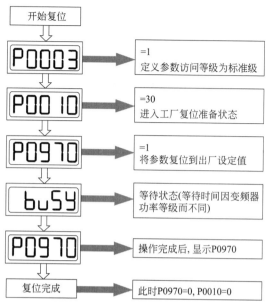

图 7-4　MM440 变频器恢复出厂的缺省设定值

快速调试定义：指通过设置电动机参数、变频器的命令源及频率给定源，从而达到简单、快速运转电动机的一种操作模式。

按照下面步骤设置参数，即可完成快速调试的过程，如表 7-4 所示。

表 7-4　MM440 变频器快速调试步骤

参数号	参数描述	推荐设置
P0003	参数设置访问等级 ＝1　标准级(只需要设置最基本的参数) ＝2　扩展级 ＝3　专家级	3
P0010	＝1　开始快速调试 注意： ① 只有在 P0010＝1 的情况下,电动机的主要参数才能被修改,如 P0304、P0305 等 ② 只有在 P0010＝0 的情况下,变频器才能运行	1
P0100	选择电动机的功率单位和电网功率 ＝0　单位 kW,功率 50Hz ＝1　单位 hp,功率 60Hz ＝2　单位 kW,功率 60Hz	0
P0205	变频器应用对象 ＝0　恒转矩(压缩机、传送带等) ＝1　变转矩(风机、泵类等)	0
P0300(0)	选择电动机类型 ＝1　异步电动机 ＝2　同步电动机	1
P0304(0)	电动机额定电压 注意:电动机实际接线(Y/△)	根据电动机铭牌

续表

参数号	参数描述	推荐设置
P0305(0)	电动机额定电流 注意：电动机实际接线（Y/△） 如果驱动多台电动机，P0305 的值要大于电流总和	根据电动机铭牌
P0307(0)	电动机额定功率 如果 P0100＝0 或 2，单位是 kW 如果 P0100＝1，单位是 hp	根据电动机铭牌
P0308(0)	电动机功率因数	根据电动机铭牌
P0309(0)	电动机的额定效率 注意： 如果 P0309 设置为 0，则变频器自动计算电动机效率 如果 P0100 设置为 0，看不到此参数	根据电动机铭牌
P0310(0)	电动机额定频率 通常为 50/60Hz 非标准电动机可以根据电动机铭牌修改	根据电动机铭牌
P0311(0)	电动机的额定速度 矢量控制方式下，必须准确设置此参数	根据电动机铭牌
P0320(0)	电动机的磁化电流 通常取默认值	0
P0335(0)	电动机冷却方式 ＝0　利用电机轴上风扇自冷却 ＝1　利用独立的风扇进行强制冷却	0
P0640(0)	电动机过载因子 以电动机额定电流的百分比来限制电动机的过载电流	150
P0700(0)	选择命令给定源 ＝1　BOP(操作面板) ＝2　I/O 端子控制 ＝3　固定频率 ＝4　经过 BOP 链路的 USS 控制 ＝5　通过 COM 链路的 USS 控制(端子 29、30) ＝6　Profibus(CB通信板) 注意：改变 P0700 设置，将复位所有的数字输入输出至出厂设定	2
P1000(0)	设置频率给定源 ＝1　BOP 电动电位器给定(面板) ＝2　模拟输入 1 通道(端子 3、4) ＝3　固定频率 ＝4　BOP 链路的 USS 控制 ＝5　COM 链路的 USS(端子 29、30) ＝6　Profibus(CB通信板) ＝7　模拟输入 2 通道(端子 10、11)	2
P1080(0)	限制电动机运行的最小频率	0
P1082(0)	限制电动机运行的最大频率	50
P1120(0)	电动机从静止状态加速到最大频率所需时间	10
P1121(0)	电动机从最大频率降速到静止状态所需时间	10

续表

参数号	参数描述	推荐设置
P1300(0)	控制方式选择 ＝0　线性 V/f,要求电动机的压频比准确 ＝2　平方曲线的 V/f 控制 ＝20　无传感器矢量控制 ＝21　带传感器矢量控制	0
P3900	结束快速调试 ＝1　电动机数据计算,并将除快速调试以外的参数恢复到工厂设定 ＝2　电动机数据计算,并将 I/O 设定恢复到工厂设定 ＝3　电动机数据计算,其他参数不进行工厂复位	3
P1910	＝1　使能电动机识别,出现 A0541 报警,马上启动变频器	1

在快速调试的各个步骤都完成以后,应选定 P3900,如果它置为 1,将执行必要的电动机计算,并使其他所有的参数（P0010＝1 不包括在内）恢复为缺省设置值。只有在快速调试方式下才进行这一操作。

（3）功能调试

功能调试,指用户按照具体生产工艺的需要进行的设置操作。这一部分的调试工作比较复杂,常常需要在现场多次调试。P0700、P1000 常用的设定值及其含义如表 7-5 所示。

表 7-5　P0700、P1000 常用的设定值及其含义

参数	含义	设定值
P0700	选择命令源	1　BOP(键盘)设置 2　由端子排输入 5　COM 链路的 USS 设置 6　COM 链路的通信板(CB)设置
P1000	频率设定值的选择	1　MOP 设定值 2　模拟设定值 3　固定频率 5　通过 COM 链路的 USS 设定 6　通过 COM 链路的 CB 设定

【任务实施】

步骤一　任务分析

要使变频器驱动电动机能够运行,首先要解决的问题是如何启动和停止变频器,其次是变频器按照什么频率运行,也就是变频器的运行命令和频率指令设定。

对于 MM440 变频器,P0700 是选择命令源,P1000 是频率设定值的选择,通过这两个参数设置,即可实现变频器面板控制。

步骤二　硬件线路连接

由于变频器的命令源和频率设定值由面板提供,所以变频器只需连接三相工频电输入,并将输出接入电动机即可。变频器硬件接线如图 7-5 所示。

步骤三　设置变频器参数

需要将 P0700 选择命令源设置为由 BOP 输入,P1000 频率设定值设置为由键盘（电动电位计）输入。变频器参数如表 7-6 所示。

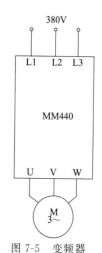

图 7-5　变频器
硬件接线图

表7-6　操作面板控制变频器参数设置

参数号	出厂值	设置值	说明
P0003	1	3	设用户访问级为专家级
P0004	0	0	全部参数
P0700	2	1	选择命令源：由BOP输入设定值
P1000	2	1	由键盘(电动电位计)输入设定值
P1040	5	30	设定键盘控制的频率值(Hz)
P1080	0	0	电动机运行的最低频率(Hz)
P1082	50	50	电动机运行的最高频率(Hz)

步骤四　系统调试

① 按图7-5正确接线后，变频器加电，此时变频器面板上显示0.00。

② 对变频器进行参数复位，按照表7-6设置变频器相关参数。

③ 按下启动键（圖），变频器驱动电动机升速，并按照30Hz的频率运行，按下增加键（圖），变频器速度升到50Hz。

④ 按下反转（圖）键，变频器反转，按下减少键（圖），变频器速度降到10Hz；按下停止键（圖），变频器停止运行。

任务二　变频器的外部端子控制

【任务描述】

使用外部端子控制变频器就是通过外部开关控制变频器输入接线端子，从而控制电动机运行的方法。

模拟量控制变频器
调速

西门子MM440变频器具有6个带隔离的数字输入Din1～Din6，并可切换NPN/PNP接线，有3个继电器输出；同时具有2路模拟输入ADC1和ADC2，可接入0～10V、0～20mA或−10～+10V的模拟量信号，有2路模拟量输出DAC1和DAC2，可向外输出0～20mA电流信号。

控制要求

使用两个按钮SB1、SB2分别控制变频器的Din1和Din2端子，实现变频器驱动三相异步电动机正转和反转，变频器运行的频率由电位器的输入给定。

【相关知识】

一、变频器的接线端子与功能

西门子MM440变频器主电路和控制电路接线端子及功能如图7-6所示。

(1) 主电路端子口

主电路L1、L2、L3为变频器交流电源的输入端，接在380V AC的电源上；U、V、W为变频器输出电压，接在三相异步电动机的定子绕组上。

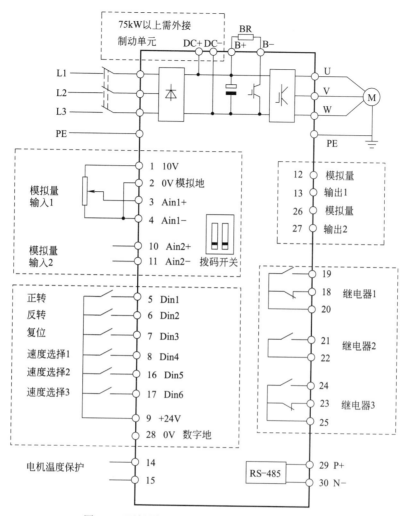

图 7-6 西门子 MM440 变频器接线端子功能图

（2）控制电路端子

端子 1、2 为用户提供+10V 高精度的直流电压，可作为外部给定信号。端子 3、4 和 10、11 为用户提供了两组模拟电压给定输入端，作为频率给定信号 ADC1、ADC2，经变频器内模/数转换器，将模拟量转换为数字量，传送给 CPU 来控制系统频率。端子 5、6、7、8、16、17 为用户提供了 6 个完全可编程的数字输入端 Din1～Din6，数字信号经过光电耦合隔离输入 CPU，对电动机进行正反转、正反向点动、固定频率值控制等。端子 9、28 是 24V 直流电源端，用户为变频器的控制电路提供 24V 直流电源。端子 12、13 和端子 36、27 为两对模拟量输出端 DAC1、DAC2。端子 18、19、20、21、22、23、24、25 为输出继电器的触头。端子 14、15 为电动机过热保护输入端。端子 29、30 为 RS-485（USS-协议）端。西门子 MM440 变频器接线端子实物如图 7-7 所示。

图 7-7 西门子 MM440 变频器
接线端子实物图

二、变频器数字量输入端子使用

MM440 包含了 6 个数字量的输入端子，每个端子都有一个对应的参数来设定该端子的功能，如表 7-7 所示。

表 7-7　MM440 数字量的输入端子及对应的参数

数字输入端	端子编号	参数编号	出厂设置参数及功能
Din1	5	P0701	1　接通正转/断开停车
Din2	6	P0702	12　反转(与正转命令配合使用)
Din3	7	P0703	9　故障复位
Din4	8	P0704	15　固定频率直接选择
Din5	16	P0705	15　固定频率直接选择
Din6	17	P0706	15　固定频率直接选择
公共端	9		

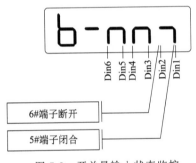

图 7-8　开关量输入状态监控

6 个数字量的输入端子对应的参数 P0701～P0706 可设定的范围是相同的，例如任意一个端子都可以定义为正转功能，只需将其对应的参数设置为 1 即可。

在线路调试过程中，可使用参数 r0722 监控开关量输入状态，开关闭合时相应笔画点亮，如图 7-8 所示。

三、变频器模拟量输入端子使用

MM440 变频器有两路模拟量输入 ADC1 和 ADC2，可以输入两路电压或电流信号，可以通过 P0756 分别设置每个通道输入信号的规格，相关参数以 in000 和 in001 区分，P0756[0] 用于模拟输入 1（ADC1）信号规格设定，P0756[1] 用于模拟输入 2（ADC2）信号规格设定。参数 P0756 设定值及功能如表 7-8 所示。

表 7-8　参数 P0756 设定值及功能

参数号码	设定值	参数功能
P0756	0	单极性电压输入(0～+10V)
	1	带监控的单极性电压输入(0～+10V)
	2	单极性电流输入(0～20mA)
	3	带监控的单极性电流输入(0～20mA)
	4	双极性电压输入(-10～+10V)

对于电流信号输入，在设置参数 P0756 的同时，还必须将相应通道的 DIP 拨码开关拨至 ON 的位置。DIP 开关的安装位置与模拟输入的对应关系如图 7-9 所示，左面的 DIP 开关（DIP1）用于设定模拟输入 1 电压/电流信号类

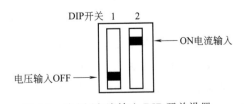

图 7-9　电压/电流输入 DIP 开关设置

型，右面的 DIP 开关（DIP2）用于设定模拟输入 2 电压/电流信号类型。

除了标准的模拟量信号设定范围，MM440 变频器还可以支持常见的 2～10V 和 4～20mA 这些模拟标定方式。当模拟量通道 1 使用电压信号 2～10V 作为频率给定时，需将参数 P0756[0] 设置为 0，标度参数设置如表 7-9 所示。

表 7-9　标定模拟量通道 1 的参数设置

参数号码	设定值	参数功能
P0757[0]	2	电压 2V 对应 0% 的标度，即 0Hz
P0758[0]	0%	
P0759[0]	10	电压 10V 对应 100% 的标度，即 50Hz
P0760[0]	100%	
P0761[0]	2	死区宽度

修改参数后的输入电压与变频器输出频率如图 7-10 所示。

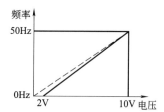

图 7-10　输入电压与变频器输出频率的关系

当模拟量通道 2 使用电流信号 4～20mA 作为频率给定时，需将 DIP2 开关设置为 ON，同时将参数 P0756[1] 设置为 2，标度参数设置如表 7-10 所示。

表 7-10　标定模拟量通道 2 的参数设置

参数号码	设定值	参数功能
P0757[1]	4	电流 4mA 对应 0% 的标度，即 0Hz
P0758[1]	0%	
P0759[1]	20	电流 20mA 对应 100% 的标度，即 50Hz
P0760[1]	100%	
P0761[1]	4	死区宽度

修改参数后的输入电流与变频器输出频率如图 7-11 所示。

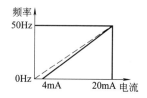

图 7-11　输入电流与变频器输出频率的关系

【任务实施】

步骤一　任务分析

使用外部控制端子控制变频器数字量输入端实现电动机正反转，需将参数 P0700（选择

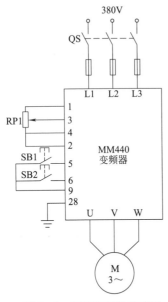

图 7-12　变频器硬件接线图

命令源）设置为 2，即由端子排输入运行命令。使用外部电位器对变频器模拟量输入端输入 0~10V 电压，可实现电动机的连续调速，需将参数 P1000（频率设定值的选择）设置为 2，即使用模拟量作为频率的设定值。

步骤二　硬件线路连接

变频器连接三相工频电输入，并将输出接入电动机，在数字量 Din1(5) 输入端接入 SB1，Din2(6) 输入端接入 SB2，ADC1 通道接入电位器。变频器硬件接线如图 7-12 所示。

步骤三　设置变频器参数

需要将 P0700 选择命令源设置为由 BOP 输入，P1000 频率设定值设置为由键盘（电动电位计）输入。变频器参数如表 7-11 所示。

步骤四　系统调试

① 按图 7-12 正确接线后，变频器加电，此时变频器面板上显示 0.00。

② 对变频器进行参数复位，按照表 7-11 设置变频器相关参数。

表 7-11　外部端子控制变频器参数设置

参数号	出厂值	设置值	说明
P0003	1	3	设用户访问级为专家级
P0004	0	0	全部参数
P0700	2	1	选择命令源：由 BOP 输入设定值
P0701	1	1	接通正转/断开停车
P0702	12	2	接通反转/断开停车
P1000	2	2	模拟设定值
P1080	0	0	电动机运行的最低频率（Hz）
P1082	50	50	电动机运行的最高频率（Hz）

③ 按下正转按钮 SB1，数字输入端口 Din1 输入信号，电动机正转运行。顺时针旋动外接电位器 RP1，变频器的频率升高；逆时针旋动外接电位器 RP1，变频器的频率降低。按钮 SB1 断开，电动机停止运行。

④ 按下反转按钮 SB2，数字输入端口 Din2 输入信号，电动机反转运行。顺时针旋动外接电位器 RP1，变频器的频率升高；逆时针旋动外接电位器 RP1，变频器的频率降低。按钮 SB2 断开，电动机停止运行。

任务三　变频器的多段速度控制

【任务描述】

在自动化设备中，当需要设备按照不同的挡位实现不同的速度运行时，如高速、中速、低速，通常使用变频器的多段速度功能实现。

控制要求

使用变频器驱动三相异步电动机实现三段速运行：按下按钮 SB1，变频器按照 10Hz 运行；按下按钮 SB2，变频器按照 20Hz 运行；按下按钮 SB3，变频器按照 30Hz 运行。

【相关知识】

MM440 变频器的多段速度运行

变频器的多段速调速是预先在变频器内部设置有多个输出频率，通过控制命令，使变频器运行在某个预设频率上。

西门子 MM440 变频器的 6 个数字输入端口（Din1～Din6），可以通过 P0701～P0706 参数设置实现多频段控制。每一频段的频率可分别由 P1001～P1015 参数设置，最多可实现 15 频段控制。

多段速功能，也称为固定频率，就是设置参数 P1000=3 的条件下，用开关量端子选择固定频率的组合，实现电动机多段速度运行。可通过如下三种方法实现。

（1）直接选择（P0701～P0706=15）

在这种操作方式下，频率给定源 P1000 必须设置为 3，此时一个数字输入端选择一个固定频率，即当设置 P1001=10 时，在数字量输入端口 Din1(5) 接入的按钮接通后，变频器选定频率为 10Hz。当 P0701=15 时，要让变频器运行，还必须通过 BOP 或外部端子等方式加入启动命令。多个数字量输入端口同时接通时，选定的频率是各端口选定频率的总和。数字量输入端口与选定频率的关系如表 7-12 所示。

表 7-12　MM440 变频器数字量输入端口频率设定的对应关系

数字量端口	端子编号	对应参数	对应频率设置
Din1	5	P0701	P1001
Din2	6	P0702	P1002
Din3	7	P0703	P1003
Din4	8	P0704	P1004
Din5	16	P0705	P1005
Din6	17	P0706	P1006

（2）直接选择＋ON 命令（P0701～P0706=16）

在这种操作方式下，数字量输入端口既选择固定频率（同表 7-12），又具备启动功能。即当设置 P1001=10 时，在数字量输入端口 Din1(5) 接入的按钮接通后，变频器按照 10Hz 频率运行。

（3）二进制编码选择＋ON 命令（P0701～P0704=17）

二进制编码选择就是使用数字量输入端口进行组合，每种组合的可能对应一个选择频率，在使用 4 个数字量输入端口时，使用其组合状态为 0001～1111，最多可以选择 15 个固定频率。数字量输入端口组合与各个固定频率数值对应的关系如表 7-13 所示。

表 7-13　MM440 变频器数字量输入端子通断与频率设定的对应关系

频率设定	Din4(8)	Din3(7)	Din2(6)	Din(5)
P1001				1
P1002			1	
P1003			1	1
P1004		1		
P1005		1		1
P1006		1	1	
P1007		1	1	1
P1008	1			
P1009	1			1
P1010	1		1	
P1011	1		1	1
P1012	1	1		
P1013	1			1
P1014	1	1	1	
P1015	1	1		1

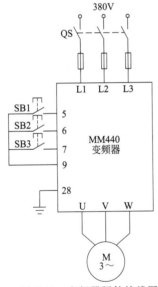

图 7-13　变频器硬件接线图

【任务实施】

步骤一　任务分析

要用变频器驱动三相异步电动机实现三段速度运行，对于 MM440 变频器，可将频率设定值设置为"固定频率"模式（P1000＝3），通过数字量输入端子功能"直接选择""直接选择＋ON 命令""二进制编码选择＋ON 命令"三种方式均可实现。由于是三段速度，所以采用"直接选择＋ON 命令"的方式较为方便。

步骤二　硬件线路连接

变频器连接三相工频电输入并将输出接入电动机，数字量 Din1(5) 输入端接入 SB1，Din2(6) 输入端接入 SB2，Din3(7) 输入端接入 SB3，变频器硬件接线如图 7-13 所示。

步骤三　设置变频器参数

需要将 P0700 选择命令源设置为由端子排输入，P1000 频率设定值设置为"固定频率"设定，数字量输入端口功能选择为"直接选择＋ON 命令"方式。变频器参数如表 7-14 所示。

表 7-14　外部端子控制变频器参数设置

参数号	出厂值	设置值	说明
P0003	1	3	设用户访问级为专家级
P0004	0	0	全部参数
P0700	2	2	选择命令源:由端子排输入
P0701	1	16	直接选择＋ON 命令
P0702	12	16	直接选择＋ON 命令

续表

参数号	出厂值	设置值	说明
P0703	9	16	直接选择＋ON命令
P1000	2	3	固定频率设定
P1001	0.00	5.00	固定频率1
P1002	5.00	10.00	固定频率2
P1003	10.00	20.00	固定频率3
P1080	0	0	电动机的最小频率
P1082	50	50.00	电动机的最大频率
P1120	10	3	斜坡上升时间
P1121	10	3	斜坡下降时间

步骤四 系统调试

① 按图7-13正确接线后，变频器加电，此时变频器面板上显示0.00。

② 对变频器进行参数复位，按照表7-14设置变频器相关参数。

③ 按下按钮SB1，变频器按照－10Hz运行，按钮SB1断开，变频器停止运行；按下按钮SB2，变频器按照20Hz运行，按钮SB2断开，变频器停止运行；按下按钮SB3，变频器按照30Hz运行，按钮SB3断开，变频器停止运行。

任务四 PLC与变频器联合控制电动机的运转

【任务描述】

在使用外部端子方式控制变频器的过程中，变频器逻辑输入端子上接按钮开关。如果使用带自锁的按钮，这种按钮不能自动复位，在系统突然停电重新送电后，变频器可能会重新启动，很不安全；另一方面只使用按钮开关控制变频器运行，只能构成一些简单的手动控制线路，不能实现较为复杂的自动控制。所以，大多数的变频调速控制线路不用按钮直接控制变频器，而是使用PLC作为控制器进行控制。

控制要求

按下启动按钮SB1，变频器驱动电动机按照10Hz正转运行6s，接着电动机按照20Hz正转运行8s，最后电动机按照10Hz反转一直运行；按下停止按钮SB2，电动机停止运行。

PLC与变频器联合
控制电动机运转

【相关知识】

一、MM440变频器数字量输入端口接线形式

单独使用变频器只能实现一些简单的调速控制，对于一些较为复杂的调速控制系统，变频器就要和控制系统的控制器，如PLC配合使用，构成一个统一的控制系统，所以它与PLC的配合使用就显得十分重要。

变频器与 PLC 常见的接线方式有三种形式，即：

① PLC 的数字输出接变频器的数字输入；

② PLC 的模拟量输出接变频器的模拟量输入；

③ PLC 的通信口通过通信电缆接变频器的通信口。

把 PLC 的输出端子直接接在变频器的逻辑输入端子上，由 PLC 输出点的通断代替开关的闭合和断开，实现对变频器及电动机的控制，这就是 PLC 通过输出端子控制变频器。变频器与 PLC 的接线方式为第一种形式。PLC 的数字量类型输出一般有继电器、晶体管和晶闸管三种形式。最常见的是继电器类型的输出。继电器输出具有价格低、使用电压范围宽等特点。变频器数字输入分为源型和漏型两种。通过 PLC 的数字输出接变频器的数字输入的方式实现连接，其实质就是使用 PLC 可编程的输出触点，替代了以前项目中接变频器数字量输入信号的开关。

根据电流在变频器数字量输入端口流向不同，可分 PNP 型逻辑和 NPN 型逻辑，适应不同的外部设备，如图 7-14 所示。

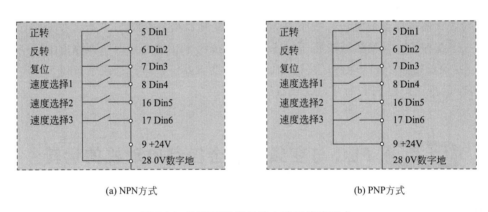

图 7-14　变频器数字量输入端口接线形式

对应西门子 MM440 变频器，可通过参数 P0725 设置数字量输入端子为 PNP 或 NPN 形式，用于输入信号的高电平（PNP）有效和低电平（NPN）有效之间的切换，它对所有的数字输入都有效。PNP 形式时电流从 Din 端子流入，NPN 形式时电流从 Din 端子流出。

当参数 P0725 设置为 0 时，表示当前数字量输入端子为低电平有效，即 NPN 方式，变频器所有数字量端子 5/6/7/8/16/17 必须按钮或开关与端子 28（0V）连接，电流从各数字量端子流出；当设置为 1 时，表示当前数字量输入端子为高电平有效，即 PNP 方式，变频器所有数字量端子 5/6/7/8/16/17 必须按钮或开关与端子 9（+24V）连接，电流从各数字量端子流进。

二、S7-200 系列 PLC 数字量输出端口接线形式

PLC 的输出端可分为继电器输出型、晶体管型和晶闸管输出型。每种输出电路都采用电气隔离技术，输出接口本身都不带电源，而电源由外部提供，但在考虑外接电源时，需考虑输出器件的类型。继电器型输出接口可用于交流及直流两种电源。在电阻性负载时，输出的最大负载电流为 2A/点，但接通断开的频率低，继电器触点动作的响应时间约为 10ms。

晶体管型输出接口有较高的通断频率，但只适用于直流驱动的场合。晶闸管型输出接口仅适用于交流驱动场合。

CPU224（AC/DC/RLY）型PLC采用继电器类型的输出接口电路，如图7-15所示。由于PLC输出点与公共端之间为继电器触点，所以在控制直流负载时，公共端接正极、负极均可，连接变频器数字量输入端口时接成NPN或PNP方式均可。

CPU226型PLC继电器型输出电路有16点输出端子和3个公共端子。每个公共端都和特定的输出点对应，如Q0.0～Q0.3对应公共端1L，这是为了适应不同的负载电源所安排的，每个公共端只能配置一个电源。若各组负载的电源电压和特性都一致，可将公共端连接在一起使用，如图7-16所示。

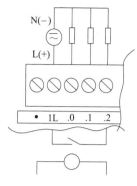

图7-15 继电器型PLC
输出接口电路

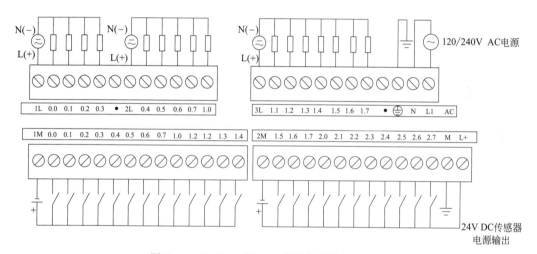

图7-16 CPU226型PLC的继电器输出接线图

CPU224（DC/DC/DC）型PLC采用晶体管类型的输出接口电路，如图7-17所示。PLC输出点与公共端之间为晶体管触点，由于PN结的单向导电性，只能控制直流负载，公共端1L+接正极，1M接负极，电流从PLC相应的输出端口流出。为了形成一个电回路，连接变频器数字量输入端口时必须接成NPN方式。

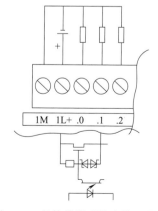

图7-17 晶体管类型输出接口电路

CPU226 型 PLC 晶体管类型输出电路有 24 点输出端子和 2 组公共端子（L＋、M）。每组公共端都和特定的输出点对应，如 Q0.0～Q0.7 对应公共端 1M、1L＋，如图 7-18 所示。

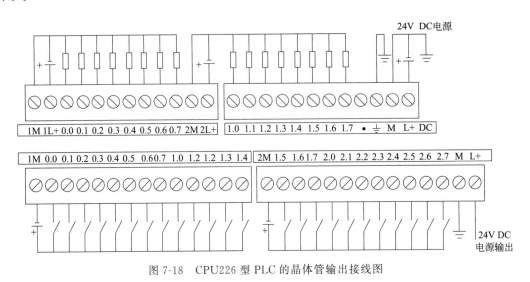

图 7-18　CPU226 型 PLC 的晶体管输出接线图

【任务实施】

步骤一　任务分析

要用变频器驱动三相异步电动机实现三段速度运行，对于 MM440 变频器，可将频率设定值设置为"固定频率"模式（P1000＝3），通过数字量输入端子功能"直接选择""直接选择＋ON 命令""二进制编码选择＋ON 命令"三种方式均可实现。由于是三段速度，所以采用"直接选择＋ON 命令"方式较为方便。

步骤二　制定 I/O 分配表

采用"直接选择＋ON 命令"方式时，变频器的一个数字量输入端子即可提供频率选择和启动命令，所以实现三段速只需使用三个端子，其 I/O 分配如表 7-15 所示。

表 7-15　电动机三段速度运行 I/O 分配表

输入端		输出端	
启动按钮	I0.0	变频器数字量输入端子 Din1(5)	Q0.0
停止按钮	I0.1	变频器数字量输入端子 Din2(6)	Q0.1
		变频器数字量输入端子 Din3(7)	Q0.2

步骤三　硬件线路连接

变频器连接三相工频电输入并将输出接入电动机，使用 PLC 的三个数字量输出端口控制变频器的三个数字量输入端，PLC 与变频器联合调速的硬件接线如图 7-19 所示。

步骤四　设置变频器参数

需要将 P0700 选择命令源设置为由端子排输入，P1000 频率设定值设置为"固定频率"设定，数字量输入端口功能选择为"直接选择＋ON 命令"方式。变频器参数如表 7-16 所示。

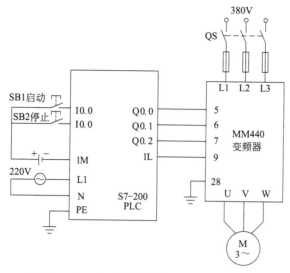

图 7-19　PLC 与变频器联合调速的硬件接线图

表 7-16　外部端子控制变频器参数设置

参数号	出厂值	设置值	说明
P0003	1	3	设用户访问级为专家级
P0004	0	0	全部参数
P0700	2	2	选择命令源:由端子排输入
P0701	1	16	直接选择＋ON 命令
P0702	12	16	直接选择＋ON 命令
P0703	9	16	直接选择＋ON 命令
P1000	2	3	固定频率设定
P1001	0.00	10.00	固定频率 1
P1002	5.00	20.00	固定频率 2
P1003	10.00	−10.00	固定频率 3
P1080	0	0	电动机的最小频率
P1082	50	50.00	电动机的最大频率
P1120	10	3	斜坡上升时间
P1121	10	3	斜坡下降时间

步骤五　PLC 程序设计

根据控制要求，使用两个定时器 T37、T38，分别设置为 6s、8s，控制变频器 10Hz、20Hz 运行的时间。当两个定时器计时结束后，T38 常开点闭合，变频器按照 −10Hz（反转）运行，直到按下停止按钮。梯形图程序如图 7-20 所示。

步骤六　系统调试

① 按图 7-19 正确接线后，变频器加电，此时变频器面板上显示 0.00。

② 对变频器进行参数复位，按照表 7-16 设置变频器相关参数。

③ 编辑 PLC 梯形图程序并将其下载到 PLC 中。

④ 按下启动按钮 SB1，变频器驱动电动机按照 10Hz 正转运行 6s，接着电动机按照 20Hz 正转运行 8s，最后电动机按照 10Hz 反转一直运行。

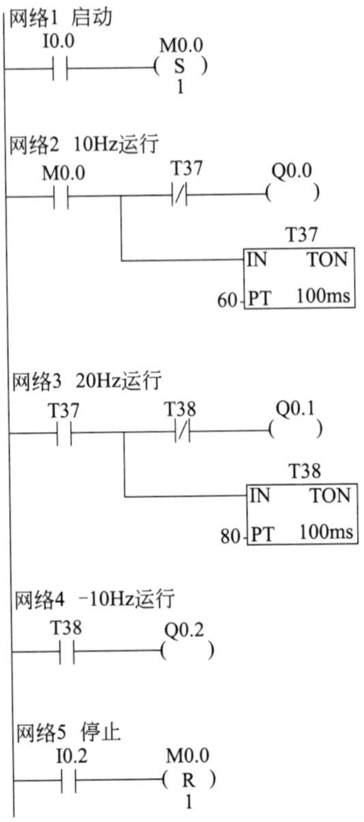

网络1　启动
```
I0.0        M0.0
─┤├────────( S )
             1
```

网络2　10Hz运行
```
M0.0    T37      Q0.0
─┤├────┤/├──────(   )
                  T37
         ┌────IN  TON
      60─┤PT  100ms
```

网络3　20Hz运行
```
T37    T38      Q0.1
─┤├───┤/├──────(   )
                 T38
        ┌────IN  TON
     80─┤PT  100ms
```

网络4　-10Hz运行
```
T38     Q0.2
─┤├────(   )
```

网络5　停止
```
I0.2    M0.0
─┤├────( R )
          1
```

图 7-20　PLC控制变频器三段速运行梯形图

⑤ 按下停止按钮 SB2，电动机停止运行。

【项目评价】

评价项目	考核内容	考核要求及评分标准	配分	自我评价	小组评价	教师评价
线路安装与工艺	接线布线工艺	1. 按电气原理图接线且正确 20 分,接线错误,每处错误扣 1 分,扣完为止 2. 工艺符合标准 10 分,不规范每处错误扣 1 分,扣完为止	30			
系统程序功能控制	I/O端置顺序功能图设计	1. I/O 端子配置合理 10 分,每处错误扣 2 分 2. 梯形图编写,能实现控制要求 10 分	20			
调试与运行	电动机三段速运行	1. 符合安全操作 10 分 2. 电动机未以 10Hz 频率运行,扣 10 分 3. 电动机未以 20Hz 频率运行,扣 10 分 4. 电动机未以 -10Hz 频率运行,扣 10 分 5. 电动机无法停车,扣 10 分 6. 电气线路短路扣 50 分	50			
总成绩				教师签字:		

【练习与思考】

7.1　使用 PLC 控制变频器实现电动机正反转循环运行,按下按钮 SB2,PLC 的内部定时器开始计时,在 0～10s,电动机正转运行;在 10～15s,电动机停止运行;在

15～25s，电动机反转运行；在 25～30s，电动机停止运行。以 30s 为周期，电动机循环运行。按下按钮 SB1，变频器停止运行。

7.2 变频器采用"二进制编码选择＋ON 命令"的固定频率模式驱动电动机，实现五段速度运行：分别按下按钮 SB1、SB2、SB3、SB4、SB5，变频器分别按照 10Hz、20Hz、30Hz、40Hz、50Hz 五段速度运行，完成电气线路图绘制及变频器参数设置。

7.3 使用 PLC 通过 Modbus-RTU 通信，实现变频器的多段速度控制，要求变频器输出频率随时间变化如图 7-21 所示，完成 PLC 程序设计、变频器参数设置及线路连接。

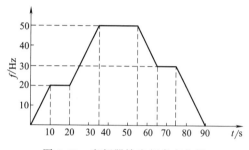

图 7-21 变频器输出频率变化图

项目八

基于PLC的定位控制

你知道吗?

　　生产线中工件是如何传输到指定位置进行工件加工,并且在加工后工件又是如何精确定位到下一个工位的呢? 这就涉及到 PLC 对三相交流异步电动机或者是步进电机的控制。本章主要讲解如何应用 PLC 对三相交流异步电动机和步进电机进行定位控制。

知识目标

　① 掌握编码器的使用方法。
　② 掌握应用指令向导编写高速计数器的方法。
　③ 掌握位控指令向导的基本用法。
　④ 了解步进电机和步进驱动器的工作原理。

技能目标

　① 了解增量式编码器的结构并掌握如何使用。
　② 能编写三相异步电动机定位控制程序。
　③ 根据控制要求选择步进电机和步进驱动器的型号。
　④ 设置步进驱动器的参数并能进行硬件设备间的连接。
　⑤ 编写步进电机的运动控制程序。

任务一 三相交流异步电动机的 PLC 定位控制

【任务描述】

如图 8-1 所示，对任何颜色和材质的工件，当工件移动到指定位置时，电动机停止。为了效果明显，可以让气缸推动停止的工件进入第一个料槽中。

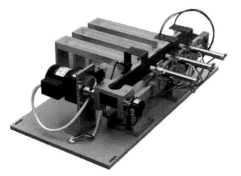

基于PLC的电动机
位置控制

图 8-1 生产线分拣单元设备

【相关知识】

一、增量式编码器的结构

增量式编码器是一种通过光电转换，将输出至轴上的机械、几何位移量转换成脉冲或数字信号的传感器。典型的增量式编码器由光源、码盘、光电检测器件和转换电路组成。码盘上有 3 个码道，每个码道上刻有节距相等的辐射状透光缝隙，作为检测光栅，相邻两个透光缝隙之间代表一个增量周期，即 1 个节距；A 光栅和 B 光栅之间相差 1/4 节距，光栅明暗间隔，用以通过或阻挡光源和光电检测器件之间的光线。当码盘随着电动机同轴转动时，光线透过码盘上检测光栅的透光缝隙，照射到光电检测器件上，光电检测器件就输出两组相位相差 90°、近似于正弦波的电信号，电信号经过转换电路的信号处理，可以得到转动轴的转动转角或位移信息。

思考 旋转编码器为什么要输出 A、B 两相脉冲？

答 两相脉冲可以告诉我们电动机向哪个方向转动。由于检测光栅上刻有 A、B 两组透光缝隙，并且错开 1/4 节距，使得光电检测器件输出的信号在相位上相差 90°电度角。假设当 A 相脉冲超前 B 相脉冲时，电动机为正转，而当 B 相脉冲超前 A 相脉冲时，电动机为反转。

二、增量式编码器的接线

图 8-2 是增量式编码器，它有 5 根接线，红色线接 24V，黑色线接 0V，绿色 A 相、白色 B 相、黄色 C 相分别接 PLC 输入端。

思考 绿色 A 相接 PLC I0.1 点，白色 B

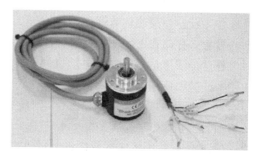

图 8-2 增量式编码器引脚接线图

相接 PLC I0.0 点，它们可以接 PLC 其他输入点吗？

答 不可以，这和要选择哪一编号的高速计数器工作在什么模式有关。通过高速计数器工作模式和输入端子的关系表 8-1 可以知道，编码器绿色 A 相和白色 B 相应和 PLC 哪些输入点相连接。

表 8-1 高速计数器的工作模式和输入端子的关系表

模式	中断描述	输入点			
	HSC0	I0.0	I0.1	I0.2	
	HSC1	I0.6	I0.7	I1.0	I1.1
	HSC2	I1.2	I1.3	I1.4	I1.5
	HSC3	I0.1			
	HSC4	I0.3	I0.4	I0.5	
	HSC5	I0.4			
0	带有内部方向控制的单相计数器	时钟			
1		时钟		复位	
2		时钟		复位	启动
3	带有外部方向控制的单相计数器	时钟	方向		
4		时钟	方向	复位	
5		时钟	方向	复位	启动
6	带有增减计数时钟的双相计数器	增时钟	减时钟		
7		增时钟	减时钟	复位	
8		增时钟	减时钟	复位	启动
9	A/B 相正交计数器	时钟 A	时钟 B		
10		时钟 A	时钟 B	复位	
11		时钟 A	时钟 B	复位	启动

在本例中，旋转编码器输出的脉冲信号形式为：A、B 两相脉冲信号正交，Z 相脉冲不使用，无外部复位和启动信号。因此由表 8-1 可以确定，所采用的计数模式为模式 9，当选用的计数器为 HSC0 时，A、B 两列脉冲分别从 PLC I0.0 和 I0.1 输入。

三、增量式编码器的工作原理

电动机旋转时，与电动机同轴连接的旋转编码器即向 PLC 输出表示电动机轴角位移的脉冲信号，这些脉冲信号的个数被 PLC 中高速计数器记录，与预先在 PLC 数据块中的设定值进行比较，当高速计数器中的数值等于设定值时，电动机就停止了。

思考 存储在 PLC 中的设定值是如何求的呢？

答 分辨率是编码器随电动机同轴转动一周所产生的脉冲数。这在编码器铭牌中已经告知。本试验中所用的编码器分辨率为 500，就是编码器每转动一周产生 500 个脉冲。

电动机轴的直径为 $d=43\text{mm}$，则减速电动机每旋转一周，皮带上工件移动距离就是电动机轴的周长，$L=\pi d=3.14\times 43=135.02\text{mm}$。

脉冲当量 μ 就是每两个脉冲之间的距离，故脉冲当量 $\mu=$ 电动机旋转 1 周皮带上工件移动距离 $L\div$ 分辨率 $500\approx 0.27\text{mm}$。

工件需要输送的距离为 167.5mm，旋转编码器约发出脉冲数为：

距离 167.5mm÷脉冲当量 0.27＝620 个脉冲

本例中设置高速计数器 HSC0 时是 4 倍频，存储在 PLC 中的设定值为 620×4＝2480 个脉冲。考虑到电动机的惯性，把设定值设为 2200 个脉冲。

【任务实施】

步骤一　任务分析

① 设备上电和气源接通后，工作单元的三个气缸均处于缩回位置。

② 若设备准备好，按下启动按钮，系统启动。当传输带将工件输送到指定位置时，电动机停止。推料气缸推动工件到指定料槽中。

③ 如果在运行期间按下停止按钮，则完成一个工作周期后停止运行。

步骤二　制定 I/O 分配表

根据控制要求，PLC 选用 S7-200-224 CN AC/DC/RLY，其共有 14 点输入和 10 点继电器输出，能够满足设计需要。I/O 分配表见表 8-2。

表 8-2　三相交流异步电动机 PLC 定位控制 I/O 分配表

输入信号				输出信号			
序号	PLC 输入点	信号名称	信号来源	序号	PLC 输出点	信号名称	信号输出目标
1	I0.0	旋转编码器 B 相	装置侧	1	Q0.0	电动机启停控制	变频器
2	I0.1	旋转编码器 A 相		2	Q0.4	推料 1 电磁阀	
3	I0.3	入料口工件检测					
4	I0.7	推杆 1 推出到位					
5	I1.2	停止按钮					
6	I1.3	启动按钮					

步骤三　设计三相交流异步电动机 PLC 定位控制外部接线图（图 8-3）

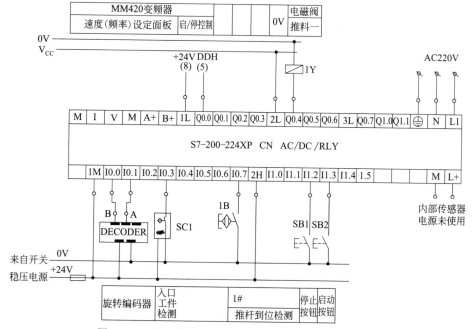

图 8-3　三相交流异步电动机 PLC 定位控制外部接线图

步骤四　编程 PLC 程序

（1）主程序编程

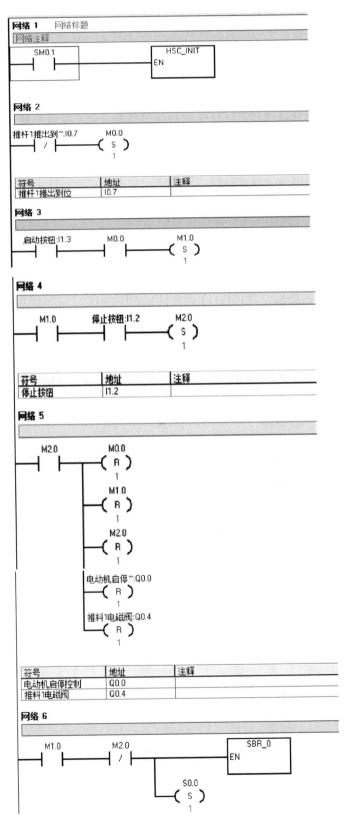

（2）高速计数器编程

应用指令向导编辑高速计数器 HSC0，同时注意数据块中设置 VD10 为 2200。下面程序是应用指令向导编辑好的高速计数器。

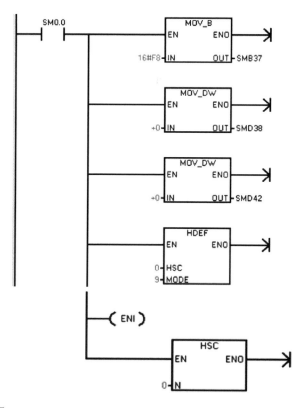

（3）子程序编程

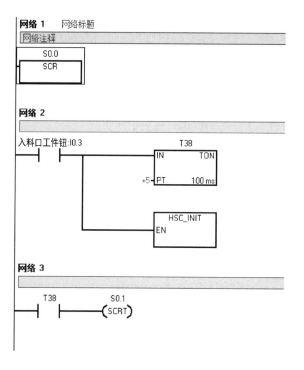

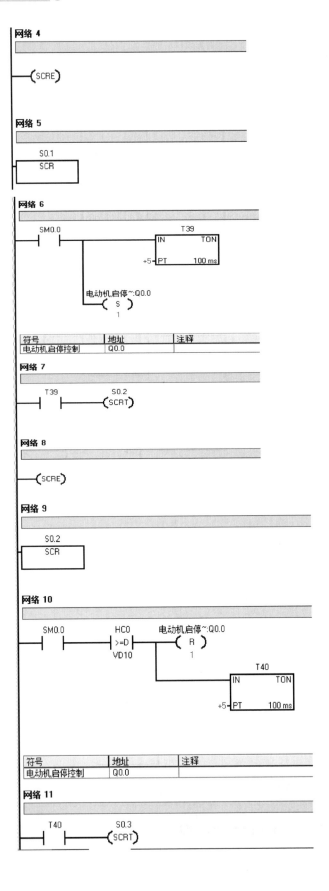

网络 4

(SCRE)

网络 5

S0.1
SCR

网络 6

SM0.0

T39
IN   TON
+5 - PT   100 ms

电动机启停~:Q0.0
(S)
1

符号	地址	注释
电动机启停控制	Q0.0	

网络 7

T39   S0.2
(SCRT)

网络 8

(SCRE)

网络 9

S0.2
SCR

网络 10

SM0.0   HC0   电动机启停~:Q0.0
         >=D   (R)
         VD10   1

T40
IN   TON
+5 - PT   100 ms

符号	地址	注释
电动机启停控制	Q0.0	

网络 11

T40   S0.3
(SCRT)

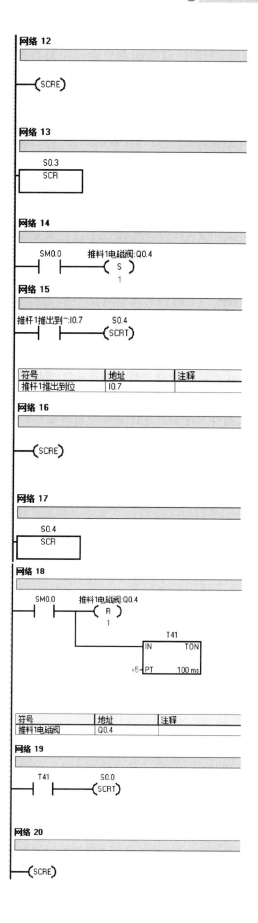

网络 12

——(SCRE)

网络 13

S0.3
SCR

网络 14

SM0.0   推料1电磁阀:Q0.4
——| |——| |——(S)
1

网络 15

推杆1推出到~:I0.7   S0.4
——| |——(SCRT)

符号	地址	注释
推杆1推出到位	I0.7	

网络 16

——(SCRE)

网络 17

S0.4
SCR

网络 18

SM0.0   推料1电磁阀:Q0.4
——| |——| |——(R)
1
T41
IN   TON
+5—PT   100 ms

符号	地址	注释
推料1电磁阀	Q0.4	

网络 19

T41   S0.0
——| |——| |——(SCRT)

网络 20

——(SCRE)

步骤五　变频器参数的设置

变频器选用的是西门子 MM420，需要注意变频器相关参数的设置。命令给定源是端子，参数 P0700＝2（I/O 端子控制）；固定频率运行，参数 P0701＝16；频率是基本操作面板给定，参数 P1000＝1；参数 P1040 表示固定频率，参数 P1040＝30Hz。或者设定 P0701＝1（5 号端子接通正转/断开停车）；固定频率参数 P1040＝30Hz 也可实现 30Hz 固定频率运行。

三相交流异步电动机 PLC 定位控制就是应用 PLC 使电动机在指定位置停止。其中关键元件是增量式编码器，通过编码器向 PLC 中的高速计数器输出脉冲，与 PLC 中的脉冲设定值进行比较，当高速计数器的值与设定值相等时，PLC 输出信号给变频器控制电动机在指定位置停止。

任务二　步进电机的 PLC 定位控制

【任务描述】

某柔性生产线的检测加工单元，托盘上的工件开始位于初始位置，按下启动按钮，托盘运送工件至检测位置，5s 后检测完毕，托盘再将工件运送回初始位置；若在托盘运动过程中，按下急停按钮，托盘立刻停止运动。通过分析控制要求，制定可行的控制方案。

【相关知识】

一、步进电机的认知

（1）步进电机简介

步进电机是一种将电脉冲转化为角位移的执行机构。通俗一点讲，当步进驱动器接收到

步进电机的基本
认知

一个脉冲信号，它就驱动步进电机按设定的方向转动一个固定的角度（即步距角），可以通过控制脉冲个数来控制角位移量，从而达到准确定位的目的；也可以通过控制脉冲频率来控制电动机转动的速度和加速度，从而达到调速的目的。在非超载的情况下，电动机的转速、停止的位置只取决于脉冲信号的频率和脉冲数，而不受负载变化的影响，即给电机加一个脉冲信号，电动机则转过一个步距角。这一线性关系的存在，使得步进电机在速度、位置等控制领域的应用变得非常简单。

（2）步进电机分类

步进电机从结构形式上可分为反应式步进电机、永磁式步进电机、混合式步进电机等多种类型，我国所采用的步进电机中以反应式步进电机为主。具体特点如下。

① 反应式　定子上有绕组，转子由软磁材料组成。其特点是结构简单、成本低、步距角小（可达 1.2°），但动态性能差、效率低、发热大，可靠性难以保证。

② 永磁式　永磁式步进电机的转子用永磁材料制成，转子的极数与定子的极数相同。其特点是动态性能好、输出力矩大，但精度差、步距角大（一般为 7.5°或 15°）。

③ 混合式　混合式步进电机综合了反应式和永磁式的优点，其定子上有多相绕组，转

子采用永磁材料，转子和定子上均有多个小齿以提高步距精度。其特点是输出力矩大、动态性能好、步距角小，但结构复杂、成本相对较高。

步进电机按定子上的绕组数不同，可分为两相、三相和五相等系列。最受欢迎的是两相混合式步进电机，其性价比高，配上细分驱动器后效果良好。该种电动机的基本步距角为 $1.8°/$步，配上半步驱动器后，步距角减小为 $0.9°$，配上细分驱动器后，其步距角可细分达 $1/256$（$0.007°/$步）。由于摩擦力和制造精度等原因，实际控制精度略低。同一台步进电机也可以配不同细分的驱动器，以改变控制精度和效果。

（3）步进电机的主要参数

① 步距角　是指当步进驱动器接收到一个脉冲信号，它所驱动的步进电机按设定的方向转动的一个固定角度。

② 步进电机的相数　是指步进电机内部的线圈组数。目前常用的有两相、三相和五相步进电机。

③ 步进电机的拍数　是指完成一个磁场周期性变化所需脉冲数或导电状态，或指电机转过一个步距角所需脉冲数。

④ 保持转矩　是指步进电机通电但没有转动时，定子锁住转子的力矩。它是步进电机最重要的参数之一，通常步进电机在低速时的力矩接近保持转矩。由于步进电机的输出力矩随速度的增大而不断衰减，输出功率也随速度的增大而变化，所以保持转矩就成为衡量步进电机最重要的参数之一。比如，当人们说 $2N \cdot m$ 的步进电机，在没有特殊说明的情况下，是指保持转矩为 $2N \cdot m$ 的步进电机。

⑤ 定位转矩　是指步进电机没有通电的情况下，定子锁住转子的力矩。

⑥ 运行矩频特性　是指电动机在某种测试条件下测得的运行中输出力矩与频率关系的曲线，称为矩频特性曲线，如图 8-4 所示。

（4）步进电机的选择

① 步进电机的尺寸　57、60、86、110 等说的是电机的直径（圆形电机。方形的一般

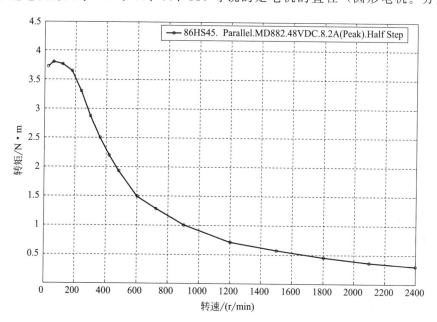

图 8-4　矩频特性曲线

指宽度，单位是 mm）。在宽度确定了之后，还要确定步进电机的长度：57 和 60 的一般在 40～100mm 之间，86 的在 60～130 之间，110 的有 200mm 以上的。一般尺寸越大的电动机其转矩也越大。

② 步进电机的电流　电流的大小主要决定了步进电机的高速性能，额定电流越大的电动机其高速性能越好。同一厂家、同一大小的步进电机，虽然其额定电流不同，不过其转矩基本差不多，不同的就是电动机的高速性能表现。

③ 步进电机的相数　不同相数的步进电机，其步距角不同。两相电动机步距角为 1.8°，每转 200 个脉冲。五相电动机步距角为 0.72°，每转 500 个脉冲。步进电机的步距角基本决定了它的分辨率。虽然现在驱动器基本都采用了细分技术，不过其并不能显著提高步进电机的分辨率，所以五相电动机的分辨率比两相的高。五相电动机相比两相电动机还有个显著优点，那就是其低速时振动比较小，不过现在高端的两相步进驱动器同样可以把两相步进电机低速时的振动控制在一个非常小的范围内。

二、步进驱动器的认知

（1）步进驱动器简介

步进驱动器是一种能使步进电机运转的功率放大器，能把控制器发来的脉冲信号转化为步进电机的角位移，电动机的转速与脉冲频率成正比，所以控制脉冲频率可以精确调速，控制脉冲数可以精确定位。步进电机控制原理图如图 8-5 所示。

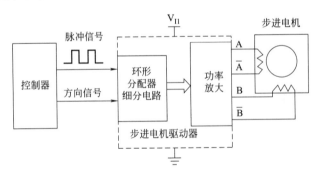

图 8-5　步进电机控制原理图

（2）步进驱动器的细分功能

步进电机相数不同，其步距角也不同，一般两相电动机的步距角为 1.8°，三相为 1.2°，五相为 0.72°。在没有细分驱动器时，用户主要靠选择不同相数的步进电机来满足步距角的要求。如果使用细分驱动器，则相数将变得没有意义，用户只需在驱动器上改变细分数，就可以改变步距角。驱动器细分后将对电动机的运行性能产生质的飞跃，但是这一切都是由驱动器本身产生的，和电动机及控制系统无关。在使用时，需要注意的是步进电机步距角的改变，对控制系统所发的步进信号的频率有影响，因为细分后步进电机的步距角将变小，要求步进信号的频率相应提高。以 1.8° 步进电机为例，驱动器在半步状态时步距角为 0.9°，而在 10 细分时步距角为 0.18°，这样在要求电动机转速相同的情况下，控制系统所发的步进信号的频率在 10 细分时为半步运行时的 5 倍。

（3）步进驱动器的选择

驱动器的主要参数就是驱动电压和电流，还有就是细分功能。

① 步进驱动器的驱动电压 驱动电压越高，一般驱动器驱动步进电机的高速性能越优异。24~60V 的驱动器比较适合 57 和 60 的电动机，60~100V 的驱动器比较适合 86 的电动机，100V 以上的适合 110 的步进电机。电压的这些区别主要是由步进电机的电感大小决定的。因为尺寸越大的电动机其线圈面积越大，线圈的匝数也越多，这样其电感也就越大。当电动机转动时，因为转子是永磁材料，其交替的 N 级和 S 级反复通过电动机的转子线圈，交变的磁场就会产生电场。电动机转速越高，其磁场变化越快，这样产生的电场就越高。这个电场的产生除了和转速有关外，还和电动机的电感成正比，所以越大尺寸的电动机其电感越大，这样高速运转时产生的电场也就越大，而电场的方向恰恰和驱动器的驱动电场相反。因此，大尺寸的步进电动机需要驱动器高驱动电压，目的是为了等效掉电动机高速运转时产生的这部分感应电压，这也是步进电机高速转矩下降的原因之一。

② 步进驱动器的额定电流 驱动器的额定电流是需要和步进电机匹配的，越大的电流表示步进电机的高速性能越好。其实大电流的电动机其电感相对比较小。此外，当驱动器电流大于电动机电流时，并不能增加电动机的转矩，反而会引起电动机有大的电流声，还产生额外的热量。当驱动器电流小于电动机的电流时，电动机的性能不能完全发挥出来，其转矩会降低。

③ 步进驱动器的细分功能 细分技术的引进，大大改善了步进电机的运行效果，高细分技术的驱动器，往往使步进电机低速转动的振动会有很好的改善。细分可以提高电动机的分辨率，但是提高得非常有限。

三、高速脉冲输出信号

S7-200 有两个内置 PTO/PWM 发生器，用以建立高速脉冲串（PTO）或脉宽调节（PWM）信号波形。当组态一个输出为 PTO 操作时，生成一个 50% 占空比，S7-200 PLC 内部有两个高速脉冲发生器，通过设置可让它们产生占空比为 50%、周期可调的方波脉冲（即 PTO 脉冲），或者产生占空比及周期均可调节的脉宽调制脉冲（即 PWM 脉冲）。占空比是指高电平时间与周期时间的比值。

在使用脉冲发生器功能时，其产生的脉冲从 Q0.0 和 Q0.1 端子输出，当指定一个发生器输出端为 Q0.0 时，另一个发生器的输出端自动为 Q0.1。若不使用脉冲发生器，这两个端子恢复普通端子功能。要使用高速脉冲发生器功能，PLC 应选择晶体管输出型，以满足高速输出要求。

（1）高速脉冲输出指令

高速脉冲输出指令说明如表 8-3 所示。

表 8-3 高速脉冲输出指令说明表

指令名称	梯形图	功能说明	操作数
			Q0.X
高速脉冲输出指令（PLS）	PLS EN　ENO ????-Q0.X	根据相关特殊存储器（SM）的控制和参数设置要求，启动高速脉冲发生器从 Q0.X 指定的端子输出相应的 PTO 或 PWM 脉冲	常数 0：Q0.0 1：Q0.1 （字型）

（2）高速脉冲输出的控制字节、参数设置和状态位

要让高速脉冲发生器产生符合要求的脉冲，须对其进行有关控制及参数设置，另外，通过读取其工作状态可触发需要的操作。

① 控制字节 高速脉冲发生器的控制采用一个 SM 控制字节（8 位），用来设置脉冲输出类型（PTO 或 PWM）、脉冲时间单位等内容。高速脉冲发生器的控制字节说明见表 8-4，例如当 SM67.6＝0 时，让 Q0.0 端子输出 PTO 脉冲；当 SM77.3＝1 时，让 Q0.1 端子输出时间单位为 ms 的脉冲。

表 8-4 高速脉冲发生器控制字定义表

控制字节		说　明		
Q0.0	Q0.1			
SM67.0	SM77.0	PTO/PWM 更新周期：	0＝无更新	1＝更新周期
SM67.1	SM77.1	PWM 更新脉宽时间：	0＝无更新	1＝更新脉宽
SM67.2	SM77.2	PTO 更新脉冲计算值：	0＝无更新	1＝更新脉冲计数
SM67.3	SM77.3	PTO/PWM 时间基准：	0＝1μs/刻度	1＝1ms/刻度
SM67.4	SM77.4	PWM 更新方法：	0＝异步	1＝同步
SM67.5	SM77.5	PTO 单个/多个段操作：	0＝单个	1＝多个
SM67.6	SM77.6	PTO/PWM 模式选择：	0＝PTO	1＝PWM
SM67.7	SM77.7	PTO/PWM 启用：	0＝禁止	1＝启用

② 参数设置 高速脉冲发生器采用 SM 存储器来设置脉冲的有关参数。脉冲参数设置存储器说明见表 8-5，例如 SM67.3＝1，SMW68＝25，则将脉冲周期设为 25ms。

表 8-5 SM 存储器设置脉冲相关参数表

脉冲参数设置存储器		说　明	
Q0.0	Q0.1		
SMW68	SMW78	PTO/PWM 周期数值范围：	2～65,535
SMW70	SMW80	PWM 脉宽数值范围：	0～65,535
SMD72	SMD82	PTO 脉冲计数数值范围：	1～4,294,967,295

③ 状态位 高速脉冲发生器的状态采用 SM 位来显示，通过读取状态位信息可触发需要的操作。高速脉冲发生器的状态位说明如表 8-6 所示，例如 SM66.7＝1 表示 Q0.0 端子脉冲输出完成。

表 8-6 高速脉冲发生器状态位说明表

状态位		说　明		
Q0.0	Q0.1			
SM66.4	SM76.4	PTO 包络被中止(增量计算错误)：	0＝无错	1＝中止
SM66.5	SM76.5	由于用户中止了 PTO 包络：	0＝不中止	1＝中止
SM66.6	SM76.6	PTO/PWM 管线上溢/下溢：	0＝无上溢	1＝溢出/下溢
SM66.7	SM76.7	PTO 空闲：	0＝在进程中	1＝PTO 空闲

（3）位置控制向导

S7-200 有两个内置 PTO/PWM 发生器，用以建立高速脉冲串（PTO）或脉宽调节（PWM）信号波形。当组态一个输出为 PTO 操作时，生成一个 50% 占空比脉冲串，用于步进电机或伺服电机的速度和位置的开环控制。置 PTO 功能提供了脉冲串输出，脉冲周期和数量可由用户控制。但应用程序必须通过 PLC 内置 I/O 提供方向和限位控制。为了简化用户应用程序中位控功能的使用，STEP7-Micro/WIN 提供的位控向导可以在几分钟内全部完成 PWM、PTO 或位控模块的组态。向导可以生成位置指令，用户可以用这些指令在其应用程序中为速度和位置提供动态控制。

【任务实施】

步骤一　任务分析

要完成所描述的任务，需要利用 PLC 控制步进驱动器，进而控制步进电机进行正反转运动，再通过固定在皮带上的托盘运送工件从零点位置到检测位置，检测完毕后，再返回零点。因此，完成本任务所需的关键硬件设备为 PLC、步进驱动器和步进电机。三者之间的关系如图 8-6 所示。步进电机的转速可以用频率来控制，步进电机的运行频率与转速成正比，具体可以通过式（8-1）进行计算，其中，n 是步进电机的转速，r/min；f 是 PLC 高速脉冲口发送脉冲的频率，Hz；x 是细分倍数；T 是固有步距角。

一个简单开环定位控制系统的设计思路

$$n = \frac{f}{(360°/T)x} \times 60 \tag{8-1}$$

图 8-6　定位控制系统组成

完成此任务还需要一个启动按钮、一个急停按钮和两个接近开关，零点位置检测采用对射式光电开关，在托盘上安装一个金属挡片随托盘一起运动，当挡片到达槽型开关中间时，槽型开关有信号；检测位置采用电感式接近开关，当金属材质的工件随托盘运动到检测位置时，金属传感器有信号。表 8-7 列出了完成该任务所需的硬件清单及作用。

表 8-7　硬件清单及作用

序号	名称	作用	序号	名称	作用
1	启动按钮	发布开始运行的命令	5	PLC	控制步进驱动器
2	急停按钮	拍下停止运行，恢复继续运行	6	步进驱动器	驱动步进电机
3	槽型光电开关	检测是否在原点位置	7	步进电机	带动托盘和工件一起移动
4	电感式接近开关	检测是否在检测位置			

步骤二　硬件选型

（1）PLC 的选型

通过查阅西门子 S7200 系列 PLC 的硬件选型手册，再根据完成控制要求所需要的外围设备及具体功能进行 PLC 的选型。具体分析如下。

PLC 的输入设备：启动按钮、急停按钮、光电开关、接近开关，共 4 个，且均属于开关量。PLC 的输出：高速脉冲输出、步进驱动方向控制，共 2 个，且要实现步进电机的定位控制，需要发送高速脉冲输出，因此，PLC 的输出类型选择晶体管输出。CPU 选择：224CN DC/DC/DC 系列，高速脉冲最大输出频率为 20kHz。

（2）步进电机的选型

型号：J-4218HB4401；步距角：1.8°；转矩：0.89N·m；电流：2.3A/1.65A。两相混合式步进电机，如图 8-7 所示。

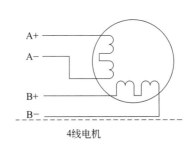

A+
A−

B+
B−
4线电机

图 8-7　两相混合式步进电机

（3）步进驱动器的选型

型号：AKS-230（双极性）；最大驱动电流：3A；供电电压：10～40V DC（24V DC）。

图 8-8　AKS-230 步进驱动器

细分可选：2、4、8、16、32、64，可驱动两相或四相混合式步进电机。AKS230 细分驱动器采用美国高性能专用微步距电脑控制芯片，细分数可根据用户需求专门设计，开放式微电脑可根据用户要求把控制功能设计到驱动器中，组成最小控制系统。由于采用新型的双极性恒流斩波技术，使电动机运行精度高、振动小、噪声低和运行平稳。其实物如图 8-8 所示。

步骤三　分配 I/O 地址（表 8-8）

表 8-8　步进电机 PLC 定位控制 I/O 分配表

输入		输出	
启动按钮	I0.1	输出脉冲	Q0.1
急停按钮	I0.4	脉冲方向	Q0.3
检测位金属传感器	I0.7		
原点位光电开关	I1.1		

步骤四　设计电气控制原理图（图8-9）

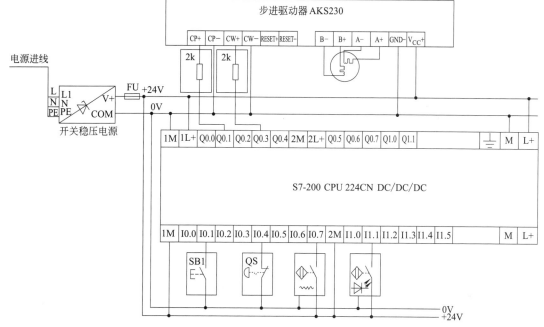

图 8-9　步进电机 PLC 定位控制原理图

根据电气原理图，可以按照如下顺序进行步进电机的 PLC 控制系统的外部电气接线：

① 将 PLC 的工作电源 M 连接至 0V；

② 将 PLC 的工作电源 L＋连接至＋24V；

③ 将步进驱动器的工作电源 GND－连接至 0V；

④ 将步进驱动器的工作电源 V_{CC}＋连接至 0V；

⑤ 将启动按钮连接至 PLC 的 I0.1 端子；

⑥ 将急停按钮连接至 PLC 的 I0.4 端子；

⑦ 将金属传感器连接至 PLC 的 I0.7 端子；

⑧ 将光电开关连接至 PLC 的 I1.1 端子；

⑨ 连接 1M 至＋24V；

⑩ 连接 2M 至＋24V；

⑪ 将步进驱动器的脉冲控制端子 CP－连接至 0V；

⑫ 将 2kΩ 电阻一端连接至步进驱动器的脉冲控制端子 CP＋，另一端连接至 PLC 的高速脉冲输出端子 Q0.1；

⑬ 将步进驱动器的方向控制端子 CW－连接至 0V；

⑭ 将 2kΩ 电阻一端连接至步进驱动器的方向控制端子 CW＋，另一端连接至 PLC 的高速脉冲方向输出端子 Q0.3；

⑮ 将 PLC 输出端的 1M 连接至 0V；

⑯ 将 PLC 输出端的 1 L＋连接至＋24V。

步骤五　设计步进驱动器的参数

根据控制精度，确定选择的步进电机步距角为 1.8°，即每接收 200 个脉冲，电动机转一圈。采用细分技术提高电动机的稳定性，要求每接收 6400 个脉冲，电动机转一圈，因此细分参数选择 1/32。电动机的额定电

步进驱动器的作用及参数设置

流为 2.3A，所以驱动器的控制电流先设置为 3A，如果在运行中电动机过热，可再适当减小控制电流。通过拨码开关设置步进驱动器的细分倍数和驱动电流，参阅表 8-9、表 8-10 和图 8-10、图 8-11。

表 8-9　拨码开关设置步进驱动器细分倍数表

细分数	步数	M1	M2	M3
1	200	OFF	OFF	OFF
2	400	ON	OFF	OFF
4	800	OFF	ON	OFF
8	1600	ON	ON	OFF
16	3200	OFF	OFF	ON
32	6400	ON	OFF	ON
64	12800	OFF	ON	ON

表 8-10　拨码开关设置步进驱动器驱动电流表

电流值	M5	M6	M7
0.9A	ON	ON	ON
1.2A	ON	ON	OFF
1.5A	ON	OFF	ON
1.8A	ON	OFF	OFF
2.1A	OFF	ON	ON
2.4A	OFF	ON	OFF
2.7A	OFF	OFF	ON
3.0A	OFF	OFF	OFF

图 8-10　步进驱动器

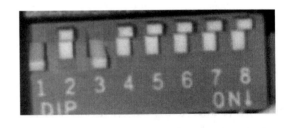

图 8-11　步进驱动器拨码开关

步骤六　编写 PLC 控制程序

(1) 子程序编程

首先通过位控向导指令编写定位控制子程序，然后再在主程序中调用自动生成的子程序，完成定位控制程序的编写。

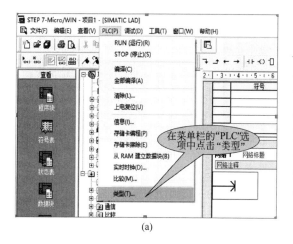

(a)

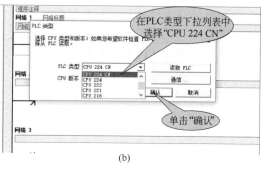

(b)

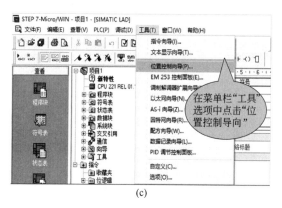

(c)

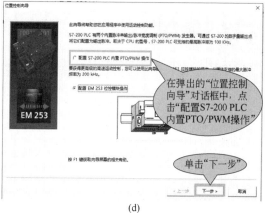

(d)

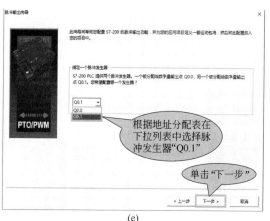

(e)

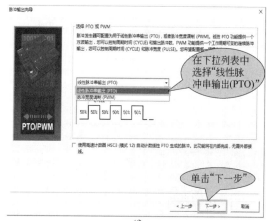

(f)

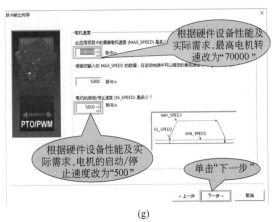

(g)

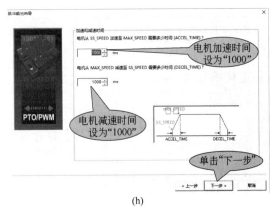

(h)

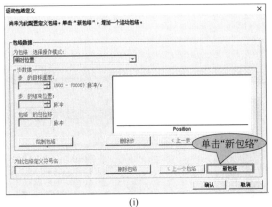

(i)

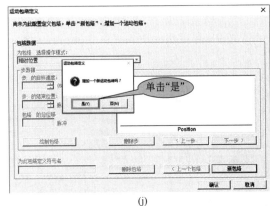

(j)

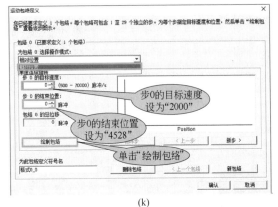

(k)

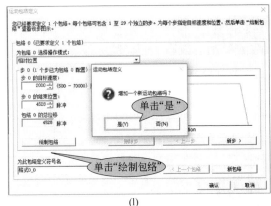

(l)

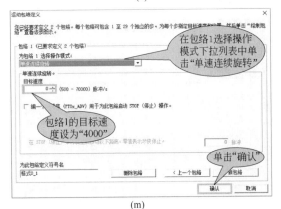

(m)

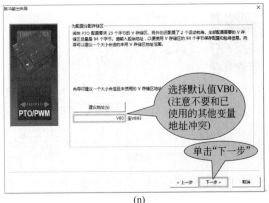

(n)

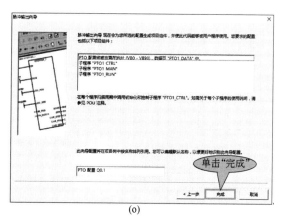
(o)

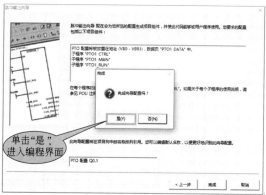
(p)

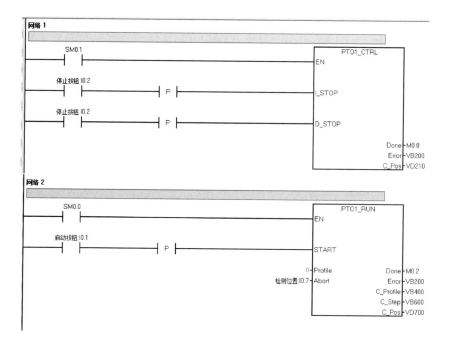
(q)

(2) 主程序编程

网络 1

SM0.1 —| |—————————————————————————— PTO1_CTRL
                                        EN

停止按钮 I0.2 —| |——| P |————————————— L_STOP

停止按钮 I0.2 —| |——| P |————————————— D_STOP

                                        Done - M0.0
                                        Error - VB200
                                        C_Pos - VD210

网络 2

SM0.0 —| |—————————————————————————— PTO1_RUN
                                        EN

启动按钮 I0.1 —| |——| P |————————————— START

                              0 - Profile   Done - M0.2
                     检测位置 I0.7 - Abort   Error - VB200
                                         C_Profile - VB400
                                            C_Step - VB600
                                             C_Pos - VD700

网络 3

启动按钮 I0.1 —| |——————————— Q0.3
                              (S)
                                1

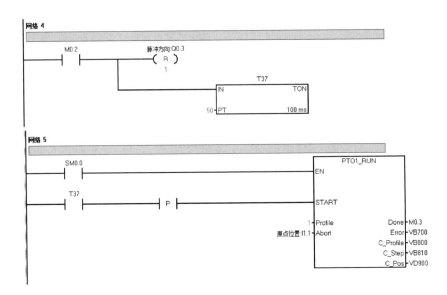

步骤七 程序下载及监控调试

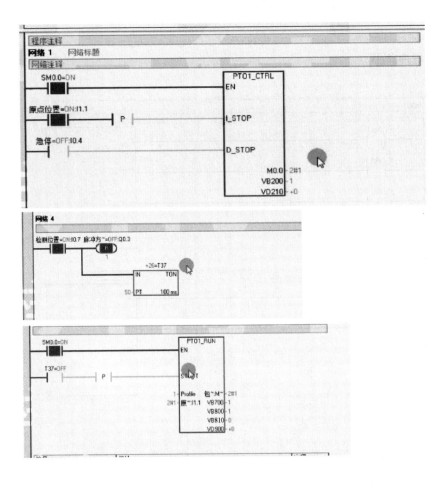

【项目评价】

项目内容	考核要求	配分	评分标准	扣分	得分
电路设计正确	1.I/O分配表正确 2.外部接线图正确 3.主电路正确 4.联锁、保护齐全	30	1.分配表每错一处扣5分 2.外部接线图，错一处扣5分 3.主电路错一处，扣5分 4.联锁、保护每缺一项扣5分 5.不会设置及下载分别扣5分		
安装接线正确	1.元件选择、布局合理，安装符合要求 2.布线合理美观	10	1.元件选择、布局不合理，扣3分/处，元件安装不牢固，扣3分/处 2.布线不合理、不美观，扣3分/处		
PLC编程调试成功	1.程序编制实现功能 2.操作步骤正确 3.接负载试车成功	30	1.连线接错一根，扣10分 2.一个功能不实现，扣10分 3.操作步骤错一步，扣5分 4.显示运行不正常，扣5分		
职业操守	1.安全、文明生产 2.具有良好的职业操守	5	故意损坏设备器件，扣5分		
团队合作	1.服从组长的工作安排 2.按时完成组长分配的任务 3.热心帮助小组其他成员	5	1.小组分工明确加5分 2.小组团结协作完成任务加5分		
小组汇报	1.小组汇报准备充分 2.汇报语言条理清晰 3.任务完成过程汇报完整	10	1.准备充分加4分 2.条理清晰加3分 3.任务完成过程汇报完整3分		
任务实施记录	1.结构完整，内容翔实 2.书写工整	10			
考评员签字：　　　　年　月　日			成绩：		
自我评价（总结与提高）					

请总结你在整个任务完成过程中做得好的是什么？还有什么不足？有何打算？

【练习与思考】

8.1　电动机通过传动机构带动工作台在水平方向上移动，假设步进电机每转一周，工作台在水平方向的位移是10mm。现在要求水平方向的重复定位精度为0.05mm，那么该选择步进角是（　　）的电动机呢？

A.1.8°　　　　　　B.0.9°　　　　　　C.1.2°

[分析：根据水平方向的重复定位精度要求，可求出电动机转一圈允许的相对误差为（0.05/10）×100%＝0.5%，360°×0.5%＝1.8°]

8.2　步进电机的转速越高，输出转矩越（　　）。

A.大　　　　　　B.小

（分析：选择步进电机时，要关注步进电机的输出曲线，即转速与输出转矩的关系，通常两者之间的关系在一定范围内成反比。）

8.3　S7-200 224CN DC/DC/DC 型号的 PLC，有（　　）个输入点。

　　A. 10　　　　　　　　B. 14　　　　　　　　C. 20

8.4　S7-200 224CN DC/DC/DC 型号的 PLC，有（　　）个输出点。

　　A. 10　　　　　　　　B. 14　　　　　　　　C. 20

8.5　S7-200 224CN DC/DC/DC 型号的 PLC，最后一个 DC 的含义为（　　）类型输出。

　　A. 晶体管　　　　　　B. 晶闸管　　　　　　C. 继电器

8.6　S7-200 224CN DC/DC/DC 类型的 PLC 有（　　）个高速脉冲输出口。

　　A. 1 个　　　　　　　B. 2 个　　　　　　　C. 3 个　　　　　　　D. 4 个

8.7　步进驱动器的脉冲控制与方向控制电压需要 5V，倘若没有 5V 直流电源，则需要传入（　　）的电阻才能满足要求。

　　A. 10kΩ　　　　　　　B. 5kΩ　　　　　　　C. 2kΩ

8.8　S7-200 224CN DC/DC/DC 的 PLC 脉冲输出通道最大频率是（　　）。

　　A. 20kHz　　　　　　B. 50kHz　　　　　　C. 100kHz

8.9　编码器有（　　）个引脚。

　　A. 3　　　　　　　　B. 4　　　　　　　　C. 5　　　　　　　　D. 6

8.10　PLC S7-200-224 CN AC/DC/RLY 中，有（　　）个高数计数器。

　　A. 4　　　　　　　　B. 5　　　　　　　　C. 6　　　　　　　　D. 7

項目九

S7-200 PLC网络通信实现

 你知道吗?

　　随着自动控制技术的不断发展，传统一对一的 I/O 接线方式被现场总线通信方式所替代。对生产现场大范围、大规模分布式的 I/O 系统而言，采用通信方式不但省去了购买大量电缆、I/O 模块的费用以及电缆敷设费用，降低了系统及工程成本，而且大大提高了控制系统的稳定性和可靠性，设备维护更加方便。在本项目中，将通过完成 PLC 与 PLC 之间的 PPI 通信、PLC 与变频器之间的通信，来学习西门子 S7-200 网络通信的相关知识。

 知识目标

① 了解 S7-200 网络通信相关知识。

② 掌握网络通信的编程方法。

 技能目标

① 学会 S7-200 网络通信接线方法。

② 掌握 S7-200 PPI 通信方法。

③ 熟知基于 USS 协议的 PLC 与变频器之间的通信方法。

任务一 S7-200 数据通信和硬件连接方式

【任务描述】

了解西门子 S7-200 常见的几种数据通信方式，熟知各种通信模块，并熟练掌握硬件间的通信连接方式。

【相关知识】

一、S7-200 的数据通信方式（图 9-1）

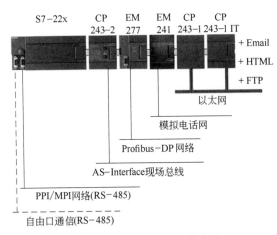

图 9-1　S7-200 的数据通信方式

（1）S7-200 CPU 的通信口（PORT0，PORT1）

不同型号的西门子 S7-200 CPU 具有一个或两个 RS-485 通信口，CPU221、CPU222、CPU224 有一个通信口，CPU224 XP、CPU226 有两个通信口。S7-200 CPU 上各自独立的两个通信口基本一样，没有什么特殊的区别，每个通信口都可以进行自己的网络地址、通信速率等参数设置。通信口的参数在编程软件 STEP7-Micro/WIN 的"系统块"中查看、设置，新的设置在系统块下载到 CPU 中后起作用，如图 9-2 所示。

S7-200 CPU 上的通信口（PORT0，PORT1）支持的通信协议包括：

① PPI 协议　该通信协议是西门子公司专为 S7-200 开发的；

② MPI 协议　不完全支持，此时 S7-200 只能作为从站模式进行通信；

③ 自由口模式　由用户自定义的通信协议，用于与其他串行通信设备通信。

S7-200 编程软件 Micro/WIN 提供了通过自由口模式实现的通信功能，库文件主要包括 USS 指令库，用于 S7-200 与西门子变频器（MM3 系列、MM4 系列、SINAMICS G110）；Modbus RTU 指令库，用于与支持 Modbus RTU 主站协议的设备通信。

S7-200 CPU 上的两个通信口可以各自在不同的模式、通信速率下工作，它们的口地址甚至也可相同。

（2）Profibus-DP 通信和 EM277 模块

S7-200 CPU 可以通过 EM277 Profibus-DP 从站模块连入 Profibus-DP 网，主站可以通

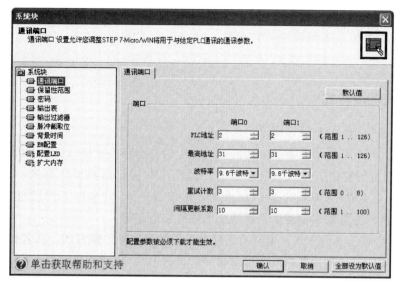

图 9-2　S7-200 通信口设置

过 EM277 对 S7-200 CPU 进行读/写数据，EM 277 只能作从站，必须设定与主站组态中的地址相匹配的 DP 端口地址。从站地址是使用 EM 277 模块上的旋转开关设定的，不需要在 S7-200 侧对 Profibus-DP 通信组态和编程。作为 S7-200 的扩展模块，EM277 像其他 I/O 扩展模块一样，通过出厂时就带有的 I/O 总线与 CPU 相连。在 S7-200 CPU 中不用做任何关于 Profibus-DP 的配置和编程工作，只需对数据进行处理。EM277 是智能模块，其通信速率为自适应，Profibus-DP 的所有配置工作由主站完成，在主站中需配置从站地址及 I/O 配置。

EM 277 Profibus-DP 模块在前面的面板上有 4 个状态 LED，用来指示 DP 端口的运行状态，如表 9-1 所示。

表 9-1　EM 277 DP 端口的运行状态

LED	OFF	红色	红色闪烁	绿色
CPU FAULT	模块良好	内部模块故障	—	—
POWER	没有 24V DC 用户电源	—	—	24V DC 用户电源良好
DP ERROR	没有错误	脱离数据交换模式	参数化/组态错误	—
DX MODE	不在数据交换模式	—	—	在数据交换模式

（3）以太网通信 CP243-1 模块

通过智能模块 CP243-1 可以将 S7-200 系统连接到工业以太网（IE）中，它是以太网通信处理器。S7-200 可以通过 CP243-1 以太网模块与其他 S7-200、S7-300 或 S7-400 控制器进行通信，也可以通过工业以太网和 STEP7-Micro/WIN 编程软件，实现 S7-200 系统的远程编程、配置、上载、下载、在线监控和诊断。CP243-1 以太网模块还可提供与 S7-OPC（OLE for Process Control，用于过程控制的 OLE）的连接。CP243-1 既可以作为以太网 S7 通信中的客户机（Client），同时也可以作为服务器（Server）。

一个 CP243-1 模块最多可同时与 8 个以太网 S7 控制器通信，即建立 8 个 S7 连接，除此之外，还可以同时支持一个 STEP7-Micro/WIN 的编程连接。一个客户端（Client）可以包含 1～32 个数据传输操作，一个读写操作最多可以传输 212 个字节。如果 CP243-1 作为服务器运行，每个读操作可以传送 222 个字节。

S7-200 提供两种以太网模块，它们是 CP243-1 和 CP243-1 IT。CP243-1 IT 除了具有 CP243-1 的功能外，还支持一些 IT 功能，如 FTP（文件传送）、E-mail、HTML 网页等。

二、通信模块连接方式

（1）串行通信 RS-485 接口标准

随着分布式控制系统的发展，迫切需要一种能适合远距离通信的数字总线。EIA 在 RS-422 标准的基础上研究出了一种支持多节点、远距离和接收高灵敏度的 RS-485 总线标准，由于 RS-485 是从 RS-422 基础上发展而来的，所以 RS-485 许多电气规定与 RS-422 相似，例如都采用平衡传输方式，都需要在传输线上接终端电阻等。

RS-485 为半双工通信方式，串行通信标准采用平衡信号传输方式，或者称为差动模式，利用两根导线间的电压差传输信号，这两根导线被命名为 A（TxD/RxD-）和 B（TxD/RxD+）。当 B 的电压比 A 高时，认为传输的是逻辑"高"电平；当 B 的电压比 A 低时，认为传输的是逻辑"低"电平信号。RS-485 这种平衡传输方式可以有效地抑制传输过程中外部的干扰信号。RS-485 不能同时发送和接收数据，最少需两根连线。使用 RS-485 通信接口和双绞线（总线）可组成串行通信网络，构成分布式系统。系统允许最多并联 32 个站，新的接口器件可允许连接 128 个站。RS-485 总线网络如图 9-3 所示。

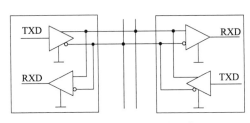

图 9-3　RS-485 总线网络

由于 RS-485 接口具有较高的传输速率（10Mb/s 以上）、较好的抗干扰能力、较长的传输距离（1200m）和多站能力（最多 128 站），同时硬件设计简单、控制方便、成本低廉等优点，所以在工厂自动化、工业控制等领域广泛应用。

RS-422/RS-485 接口一般采用使用 9 针的 D 型（DB9）连接器，普通个人计算机一般不配备 RS-422 和 RS-485 接口，但工业控制计算机基本上都有配置，也可以使用 RS-232 转 RS-422/RS-485 的转换适配器来连接。

（2）CPU 通信口引脚

S7-200 CPU 的 PPI 网络通信建立在 RS-485 网络的硬件基础上，因此其连接属性和需要的网络硬件设备与其他 RS-485 网络一致。S7-200 CPU 的通信口 PORT0 和 PORT1 支持 PPI 通信协议，一些通信模块也支持 PPI 协议，Micro/WIN 与 CPU 进行编程通信也通过 PPI 协议。CPU 通信口引脚定义如图 9-4 所示。图中 3 和 8 为 RS-485 信号，它们的背景颜色与 Profibus 电缆、Profibus 网络插头上的颜色标记一致，通信端口可以从 2 和 7 向外供 24V 直流电源。

（3）西门子网络连接器

西门子 S7-200 PLC 在进行 PPI、MPI 和 Rrofibus-DP 网络通信连接时，需要用到的通信线缆部件主要包括 Profibus 电缆和 Profibus 网络连接器。Profibus 电缆型号有许多种，其中最基本的是 Profibus FC（Fast Connect 快速连接）Standard 电缆（订货号 6XV1 830-0EH10），Profibus 网络连接器根据带编程口和出线角度的不同，分为垂直出线无编程口、

CPU插座(9针母头)	引脚号	Profibus名称	PORT0/PORT1(端口0/端口1)引脚定义
	1	屏蔽	机壳接地(与端子PE相同)／屏蔽
	2	24V返回	逻辑地(24V公共端)
	3	RS-485信号B	RS-485信号B或TxD/RxD+
	4	发送请求	RTS(TTL)
	5	5V返回	逻辑地(5V公共端)
	6	+5V	+5V,通过100Ω电阻
	7	+24V	+24V
	8	RS-485信号A	RS-485信号A或TxD/RxD−
	9	不用	10位协议选择(输入)
	金属壳	屏蔽	机壳接地(与端子PE相同)/与电缆屏蔽层连通

图 9-4　S7-200 CPU 通信口引脚定义

垂直出线带编程口、35°出线无编程口、35°出线带编程口。

标准的 RS-485 网络使用终端电阻和偏置电阻。终端电阻在线型网络两端（相距最远的两个通信端口上），并联在一对通信线上，根据传输线理论，终端电阻可以吸收网络上的反射波，有效地增强信号强度，两个终端电阻并联后的值应当基本等于传输线在通信频率上的特性阻抗。偏置电阻用于在电气情况复杂时确保 A、B 信号的相对关系，保证"0""1"信号的可靠性。

西门子 Profibus 网络连接器已经内置了终端电阻和偏置电阻，通过一个开关方便地接通或断开，终端电阻和偏置电阻的值完全符合西门子通信端口和 Profibus 电缆的要求，合上网络中网络插头的终端电阻开关，可以非常方便地切断插头后面的部分网络的信号传输。采用 Profibus 电缆与其他设备通信时，对方的通信端口可能不是 D-SUB9 针型的，或者引脚定义完全不同，例如西门子 MM4x0 变频器，RS-485 通信口采用端子接线形式，这种情况下需要另外连接终端电阻，西门子可以提供一个比较规整的外接电阻。

西门子网络插头中的终端电阻、偏置电阻的大小与西门子 Profibus 电缆的特性阻抗相匹配，工程中应配套使用西门子的 Profibus 电缆和网络插头。在图 9-5 中，网络连接器 A、B、C 分别插到 3 个通信站点的通信口上，网络连接器左侧为进线接线端口，右侧为出线接线端口，电缆 a 把插头 A 和 B 连接起来，电缆 b 连接插头 B 和 C，线型结构可以依次进行扩展连接。同时注意图中圆圈内"终端电阻"开关设置，网络终端插头的终端电阻开关

图 9-5　总线型网络连接

必须放在"ON"的位置，中间站点的插头其终端电阻开关应放在"OFF"位置，如果插头开关位置不正确，通信将出现错误。

【任务实施】

步骤一　单台 PLC 通信参数设置

该项目采用两台 S7-226 CPU 组成 PPI 网络，站地址 2 的 PLC 作为主站，站地址 3 的 PLC 作为从站。首先要建立编程软件 STEP7-Micro/WIN 与 S7-200 PLC 的通信连接，打开编程软件，使用"系统块"来设定通信接口站地址和波特率。如图 9-2 所示，站地址分别设

置为 2 和 3，主站和从站的波特率必须相同，设置为 9.6Kbps。其次设置好 PLC 的通信端口后保存，再设定 STEP7-Micro/WIN 的通信接口参数，在"设置 PG/PC 接口"对话框的"已使用的接口参数分配"中选择对应 PC/PPI 电缆型号，本项目中选择"PC/PPI cable（PPI）"。最后分别用 PC/PPI 电缆连接各个 PLC，将设置好的系统块下载到 CPU 中。

步骤二　两台 PLC 网络连接

由于西门子 S7-200 CPU 的 PPI 网络通信是建立在 RS-485 网络的硬件基础上，因此可以利用 Profibus 网络连接器和电缆把主站和从站端口进行连接。网络连接器插头接线端子 A1（绿）、B1（红）、A2（绿）、B2（红），剥除 Profibus 电缆芯线外的保护层，将绿色和红色芯线按照相应的颜色标记插入芯线锁，再把锁块用力压下，使内部导体接触，同时应注意使电缆剥出的屏蔽层与屏蔽连接压片接触。由于通信频率比较高，因此通信电缆需要双端接地，电缆两头都要压实屏蔽层。注意插头开关位置必须正确，否则通信将出现错误。

步骤三　网络监控

按照步骤一和步骤二完成通信程序下载和两台 PLC 间电缆连接后，利用编程软件 STEP7-Micro/WIN 打开主站程序，使用"通讯"双击右侧"双击以刷新"，自动搜索网络上存在的站地址，如果搜索成功，则会显示如图 9-6 所示画面，如果搜索失败，则只会显示 2 号站地址，此时需要检查站地址、通信端口、波特率、网络插头接线以及开关位置等。

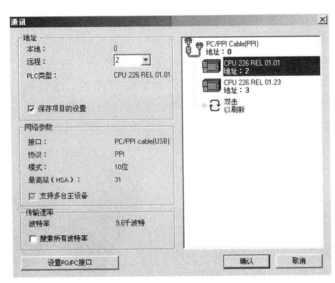

图 9-6　PPI 网络上的站地址

任务二　通过 PPI 实现两台 PLC 间的通信

【任务描述】

通过 PPI，利用网络读写编程实现两台 PLC 间的数据传输。该项目将完成用主站的输入 I0.0～I0.7 控制从站的输出 Q0.0～Q0.7，用从站的输入 I0.0～I0.7 控制主站的输出 Q0.0～Q0.7。主站地址为 2，从站地址为 3，编程计算机站地址为 0。

【相关知识】

一、网络读取（NETR)和网络写（NETW)指令

PPI 是一种主/从协议通信，在 CPU 内用户程序调用网络读（NETR）、写（NETW）指令即可，也就是说网络读写指令是运行在 PPI 协议上的，因此 PPI 网络只在主站侧编写程序即可，从站的读写网络指令没有意义。

NETR 网络读取指令是启动一项 PPI 通信操作，通过指定的端口（PORT），从远程设备读取数据到本地表格（TBL）。NETW 网络写指令是通过指定的端口（PORT），根据表格（TBL）定义把表格（TBL）的数据写入远程设备。

双机PPI通信实操
演示

网络读写指令可以向远程站发送或接收 16 个字节的信息。在 CPU 内同一时间最多可以有 8 条指令被激活，例如可以同时激活 6 条网络读指令和 2 条网络写指令。网络读写指令是通过 TBL 参数来指定报文的格式，如表 9-2 所示。

表 9-2　传送数据表格式

字节偏移量	名称	描　　述
0	状态字节	反映网络指令的执行结果状态和错误码
1	远程站地址	被访问的 PLC 从站的地址
2	远程站的数据的指针	被访问数据的间接指针； 指针可以指向 I、Q、M 和 V 数据区
3		
4		
5		
6	数据长度	过程站上被访问的数据的长度
7	数据字节 0	对 NETR 指令，执行后，从远程站读的数据放到这个数据区；对
8…22	数据字节 1…数据字节 15	NETW 指令，执行前，要发送到远程站的数据放到这个数据区

（1）数据表格式

执行网络读写指令时，PPI 主站与从站之间的数据以数据表的格式传送。

（2）状态字节

传送数据表中的第一个字节为状态字节，各位及其含义如下。

D	A	E	0	E1	E2	E3	E4

其中，D＝1 表示操作已完成，D＝0 表示操作未完成；A＝1 表示操作有效，A＝0 表示操作无效。E1、E2、E3、E4 为错误编码，如果执行指令后 E 位为 1，则由这 4 位返回一个错误码。这 4 位组成的错误编码及含义如表 9-3 所示。

（3）特殊功能字节

SMB30 和 SMB130 分别是 S7-200 PLC 通信端口 PORT0 和 PORT1 的控制字节，各位表达的意义如表 9-4 所示。

表 9-3　错误编码及含义

E1	E2	E3	E4	错误码	说　明
0	0	0	0	0	无错误
0	0	0	1	1	时间溢出错误,远程站点不响应
0	0	1	0	2	接收错误:奇偶校验错,响应时帧或检查时出错
0	0	1	1	3	离线错误:相同的站地址或无效的硬件引发冲突
0	1	0	0	4	列队溢出错误:激活了超过 8 个 NETR 和 NETW 指令
0	1	0	1	5	违反通信协议:没有在 SMB30 中允许 PPI 协议而执行网络指令
0	1	1	0	6	非法参数:NETR 和 NETW 指令中包含非法或无效的值
0	1	1	1	7	没有资源:远程站点正在忙中,如上装或下装顺序正在处理中
1	0	0	0	8	第 7 层错误,违反应用协议
1	0	0	1	9	信息错误:错误的数据地址或不正确的数据长度
1010～1111				A～F	未用,为将来的使用保留

表 9-4　SMB30 和 SMB130 各位含义

(a)

bit7	bit6	bit5	bit4	bit3	bit2	bit1	bit0
p	p	d	b	b	b	m	m

(b)

pp:校验选择	d:数据长度	bbb:通信的波特率		mm 协议选择
00＝不校验		000＝38400	001＝19200	00＝PPI/从站模式
01＝偶校验	0＝8 位	010＝9600	011＝4800	01＝自由口模式
10＝不校验	1＝7 位	100＝2400	101＝1200	10＝PPI/主站模式
11＝奇校验		110＝1132000	111＝376000	11＝保留(未用)

【任务实施】

步骤一　设置相关参数

(1) 规划本地和远程通信站的数据缓冲区

根据项目要求发送和接收字节数为 1 位,因此接收和发送缓冲区定义如表 9-5 所示。

表 9-5　发送和接收缓冲区内存地址

字节意义	状态字节	远程站地址	远程站数据区指针	数据长度	数据字节
NETR 缓存区	VB100	VB101	VD102	VB106	VB107
NETW 缓冲区	VB110	VB111	VD112	VB116	VB117

(2) 写控制字 SMB30(或 SMB130)

将通信口设置为 PPI 主站。根据表 9-4 自由端口控制寄存器字节定义。本项目无需奇偶校验,每个字符为 8 位,自由端口波特率定义为 9600b/s,通信协议选择 PPI/主站模式,端口选择 PORT0,因此控制端口选择寄存器 SMB30,状态字节为 16#0A。

(3) 装入远程站(通信对象)地址

本项目中从站地址为 3,因此编程时需要将地址 3 分别装入发送缓冲区 VB111 和接收缓冲区 VB101 中。

（4）装入远程站相应的数据缓冲区（无论是要读入的或者是写出的）地址

数据缓冲区为指针形式，指针可以指向输入（I）、输出（Q）、位存储区（M）和变量存储区（V），偏移地址占 4 个字节。本项目中发送数据缓冲区为 VD112，接收数据缓冲区为 VD102。

（5）装入数据字节数（被访问的数据的长度）

本项目装入字节数为 1，因此编程时须将 1 填入 VB106 和 VB116 中。

PPI通信指令向导的应用

（6）执行网络读写（NetR/NetW）指令

上述 5 步编程完成后，需要执行网络读写指令，填写 TBL 参数起始地址和通信的 PORT 端口值。

步骤二　编写 PLC 程序

PPI 网络通信有两种编程方法：一种是通过指令向导编制；另一种是用语句指令编制。

后者只需要在主站侧编写程序即可。在网络 1 中，第一个扫描周期通过 SM0.1 使能 PPI 主站模式初始化自由端口，并将所有发送和接收数据缓冲区清空。在网络 2 中，当网络读指令完成时，主站将接收从站的传输数据。在网络 3 中，当 NETW 未被激活且没有错误时，将从站的站地址送入数据表，将数据表中指针指向从站的发送数据缓冲区，设置写入从站的字节个数，将主站要发送的数据送入发送缓冲数据区，最后通过网络写指令，将指定的端口（PORT），根据表格（TBL）定义，把表格（TBL）的数据写入从站。在网络 4 中，NETR 未被激活且没有错误时，将从站的地址送入数据表，将数据表中指针指向主站的发送数据缓冲区，设置写入主站的字节个数，最后通过网络读指令，将指定的端口（PORT），根据表格（TBL）定义，把表格（TBL）的数据读入主站。具体程序如图 9-7 所示。

PPI通信主程序的编制

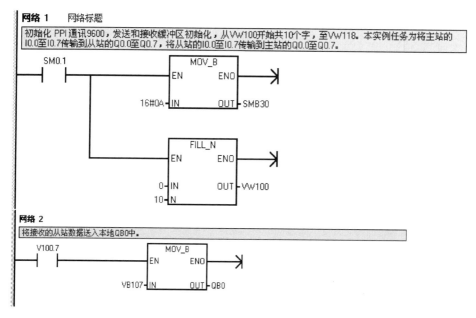

图 9-7

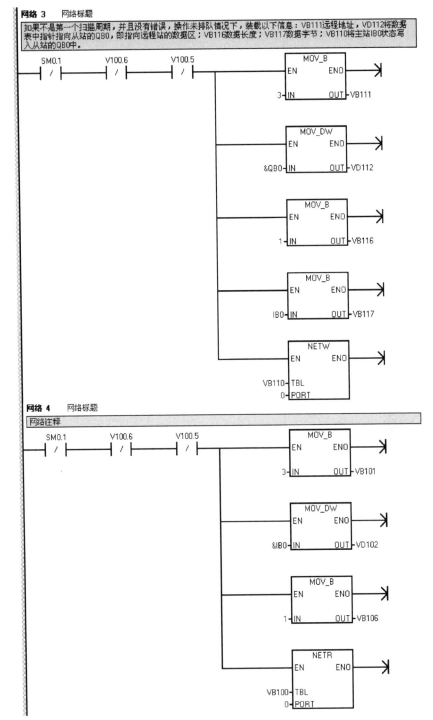

图 9-7　PPI 网络通信 PLC 程序

PPI通信从站程序
的编制

任务三　基于 USS 实现 PLC 与变频器的通信控制

【任务描述】

本项目基于 USS 协议，使用 S7-200 PLC 与 MM440 变频器进行通信，要求编程实现无级调速，可以实现电动机正反转控制功能，当按下加速按钮时，电动机速度按照每秒 1Hz 速度增加；当按下减速按钮时，电动机速度按照每秒 1Hz 速度减小。

【相关知识】

一、西门子 USS 协议简述

（1）USS 协议特点

USS（Universal Serial Interface，即通用串行通信接口）是西门子专为驱动装置开发的通信协议，初期 USS 用于对驱动装置进行参数化操作，即更多地面向参数设置，后因 USS 协议简单、硬件要求较低，也越来越多地用于和 PLC 进行通信，实现一般水平的通信控制。

USS 通信总是由主站发起，USS 主站不断循环轮询各个从站，从站根据收到的指令决定是否以及如何响应，从站永远不会主动发送数据。

PLC与变频器USS
通信控制电动机

USS 协议具有支持多点通信（因而可以应用在 RS-485 等网络上）的功能，采用单主站的"主-从"访问机制，一个网络上最多可以有 32 个节点（最多 31 个从站）。简单可靠的报文格式，使数据传输灵活高效。

（2）USS 字符帧格式

USS 的字符传输格式符合 UART 规范，即使用串行异步传输方式。USS 在串行数据总线上的字符传输帧为 11 位长度，包括：

起始位	数据位								校验位	停止位
1	0 LSB	1	2	3	4	5	6	7 MSB	偶×1	1

连续的字符帧组成 USS 报文，在一条报文中字符帧之间的间隔延时要小于两个字符帧的传输时间（当然这个时间取决于传输速率）。S7-200 CPU 的自由口通信模式正好能够支持上述字符帧格式，把 S7-200 的自由口定义为以上字符传输模式，就能通过编程实现 USS 协议报文的发送和接收。

（3）USS 报文帧格式

USS 协议的报文简洁可靠，高效灵活。报文由一连串的字符组成，协议中定义了它们的特定功能：

STX	LGE	ADR	净数据区					BCC
			1.	2.	3.	…	n	

以上每小格代表一个字符（字节），其中：

STX 起始字符，总是 02h；

LGE 报文长度；

ADR 从站地址及报文类型；

BCC BCC 校验符。

在 ADR 和 BCC 之间的数据字节称为 USS 的净数据。主站和从站交换的数据都包括在每条报文的净数据区域内。净数据区由 PKW 区和 PZD 区组成：

PKW区						PZD区			
PKE	IND	PWE1	PWE2	…	PWEm	PZD1	PZD2	…	PZDn

PKW 用于读写参数值、参数定义或参数描述文本，并可修改和报告参数的改变。PZD 用于在主站和从站之间传递控制和过程数据，控制参数按设定好的固定格式在主、从站之间对应往返，如 PZD1 主站发给从站的控制字/从站返回主站的状态字、PZD2 主站发给从站的给定/从站返回主站的实际反馈、PZDn…。

二、西门子 USS 指令库

西门子公司提供了 USS 指令库，用户不必自己配置复杂的 PKW/PZD 数据或者计算校验字节等。USS 指令库安装完成后，在 S7-200 的编程软件 STEP7-Micro/WIN 指令树中的"库"中可以找到，如图 9-8 所示。USS 指令库对端口 0 和端口 1 都有效，并设置通信口工作在自由口模式下。USS 指令库使用了一些用户中断功能，编写其他程序时，不能在用户程序中禁止中断。当 PLC 端口用于 USS 协议通信时，则不能与编程软件 STEP7-Micro/WIN 进行通信，如果下载程序软件，需要将 PLC 置于停止。

图 9-8 安装的 USS 指令库

USS 指令库主要包括 USS _ INIT（初始化指令）、USS _ CTRL（控制指令）、USS _ RPM _ W（读取无符号字参数）、USS _ RPM _ D（读取无符号双字参数）、USS _ RPM _ R（读取实数参数）、USS _ WPM _ W（写入无符号字参数）、USS _ WPM _ D（写入无符号双字参数）、USS _ WPM _ R（写入实数参数）。

（1）初始化指令 USS _ INIT

用于启用或禁止 PLC 与变频器之间的通信。在执行 USS 指令前需要使用 USS _ INIT 指令初始化 USS 通信功能。USS _ INIT 指令参数含义如表 9-6 所示。

表 9-6   USS _ INIT 指令参数含义

梯形图	参数	参数含义
USS_INIT —EN —Mode Done— —Baud Error— —Active	EN	用 SM0.1 或者沿触发的接点调用 USS_INIT
	Mode	模式选择：1=启动；0=停止
	Baud	USS 通信波特率
	Active	决定网络上的哪些 USS 从站在通信中有效
	Done	初始化成功后置 1
	Error	初始化错误代码

USS _ INIT 指令的 Active 参数用来表示网络上哪些 USS 从站要被主站访问，即在主站的轮询表中激活。网络上作为 USS 从站的变频器，每个都有不同的 USS 协议地址，主站要访问的变频器其地址必须在主站的轮询表中激活。USS _ INIT 指令只用一个 32 位长的双字来映射 USS 从站有效地址表，Active 的无符号整数值就是它在指令输入端的取值。

在表 9-7 中使用站地址为 3 的变频器，则需要在位号为 3 的单元格中填入"1"，不需要激活的地址对应填入"0"，则编程时 Active 值填入 16♯08。

表 9-7　USS_INIT 指令 Active 参数示例

位号	MSB31	30	29	28	…	03	02	01	LSB00
对应从站地址	31	30	29	28	…	3	2	1	0
从站激活标志	0	0	0	0	…	1	0	0	0
取 16 进制无符号整数值	0				…	8			
Active=						16#00000008			

（2）控制指令 USS_CTRL

用于控制已经被 USS_INIT 激活的变频器，每台变频器只能使用一条控制指令。USS_CTRL 指令参数含义如表 9-8 所示。

表 9-8　USS_CTRL 指令参数含义

梯形图	参数	参数含义
USS_CTRL EN RUN OFF2 OFF3 F_ACK DIR Drive　Resp_R Type　　Error Speed~　Status 　　　Speed 　　　Run_EN 　　　D_Dir 　　　Inhibit 　　　Fault	EN	使用 SM0.0 保证每个扫描周期执行一次
	RUN	启动/停止控制:0=停止,1=启动。停止是按照驱动装置中设置的斜坡减速时间使电动机停止
	OFF2	停车信号 2,此信号为"1"时,将封锁主回路输出,电动机自由停车
	OFF3	停车信号 3,此信号为"1"时,将快速停车
	F_ACK	故障确认
	DIR	电动机运转方向控制
	Drive	在 USS 网络上的站地址
	Type	指示驱动装置类型:0=MM3 系列,1=MM4 系列
	Speed_SP	速度设定值
	Resp_R	从站应答确认信号
	Error	错误代码:0=无出错
	Status	驱动装置的状态字
	Speed	驱动装置返回的实际运转速度值
	Run_EN	运行模式反馈
	D_Dir	驱动装置的运转方向
	Inhibit	驱动装置禁止状态指示:0=未禁止,1=禁止
	Fault	故障指示位:0=无故障,1=有故障

USS_CTRL 指令用于对单个变频器进行运行控制,此功能块使用了 USS 协议中的 PZD 数据传输、控制和反馈信号。网络上每一个激活的 USS 驱动装置从站都要在程序中调用一个独占的 USS_CTRL 指令,而且只能调用一次,并且需要控制的驱动装置必须在 USS 初始化指令运行时定义为"激活"。USS_CTRL 功能块使用了 PZD 数据读写机制,传输速度比较快,但由于通信方式仍为串行,而且可能有多个从站需要轮询,因此无法做到"实时"响应。USS_CTRL 输入的控制信号需要一个合理的作用时间,以等待指令执行完成,过快的变化可能会导致没有响应。要实现快速通信,应该使用 Profibus-DP 等网络,同时更换主站为更高级的控制器。USS_CTRL 已经能完成基本的驱动装置控制,如果需要有更多的参数控制选项,可以选用 USS 指令库中的参数读写指令实现,在此不再详述。

三、MM440 变频器驱动连接和参数设置

变频器的调试和控制都依赖于对其参数的设置，与 S7-200 配合使用时也不例外。工程设备调试时，由于变频器和 PLC 为两个相对独立又有联系的子系统，它们的调试一般可以分开进行，这样做不但可以提高效率，而且能够保证控制关系清晰明了。在 S7-200 与西门子变频器 USS 通信时，一般分为三部分进行调试：

① 变频器和 PLC 相对独立，先调试各自的基本功能；

② 调试出变频器和 PLC 之间相互控制、反馈功能；

③ 进行整个系统的综合调试，达成一个完整的控制任务。

西门子变频器与 S7-200 进行 USS 通信时，变频器需要设置的参数主要包括：

① P0003[0]=3，专家模式，进行"控制源"和"设定源"两组参数设置；

② P0700[0]=5，即控制源来自 COM Link 上的 USS 通信；

③ P1000[0]=5，即设定源来自 COM Link 上的 USS 通信；

④ P2009 决定是否对 COM Link 上的 USS 通信设定值规格化，即设定值将是运转频率的百分比形式还是绝对频率值，P2009=0 表示不规格化 USS 通信设定值，即变频器中的频率设定范围为百分比形式，P2009=1 表示对 USS 通信设定值进行规格化，即设定值为绝对的频率数值；

⑤ P2010 设置 COM Link 上的 USS 通信速率，根据 S7-200 通信口的限制，支持的通信波特率如表 9-9 所示；

表 9-9　USS 通信速率

设置值	波特率	设置值	波特率
P2010=4	2400bps	P2010=8	38400bps
P2010=5	4800bps	P2010=9	57600bps
P2010=6	9600bps	P2010=12	115200bps
P2010=7	19200bps		

⑥ P2011 即驱动装置 COM Link 上的 USS 通信口在网络上的从站地址，设置值范围 0～31，USS 网络上不能有任何两个从站的地址相同；

⑦ P2012[0]=2，即 USS PZD 区长度为 2 个字长；

⑧ P2013[0]=127，即 USS PKW 区的长度可变；

⑨ P2014[0]=0～65535，即 COM Link 上的 USS 通信控制信号中断超时时间，单位为 ms，如设置为 0，则不进行此端口上的超时检查；

⑩ P0971=1，上述参数将保存入 MM440 的 EEPROM 中。

【任务实施】

步骤一　S7-200 与 MM440 变频器硬件连接

使用通信电缆将 S7-200 PORT0 端口与 MM440 变频器接口连接，S7-200 PORT0 端口采用西门子标准 D-SUB9 针型网络连接器，变频器 MM440 侧电缆的红色芯线应当压入端子 29，绿色芯线应当连接到端子 30。

步骤二 MM440 变频器参数设置

(1) 将变频器恢复到出厂设置

P0010＝30

P0970＝1　　　　　　允许变频器参数复位

(2) 电动机参数设置

P0003＝3　　　　　　专家模式，允许访问变频器所有参数

P0010＝1　　　　　　启用快速调试模式

P0304＝　　　　　　 电动机电压

P0305＝　　　　　　 电动机电流

P0307＝　　　　　　 电动机功率

P0310＝　　　　　　 电动机频率

P0311＝　　　　　　 电动机转速

(3) 通信源参数设置

P0010＝0　　　　　　准备调试参数

P0700＝5　　　　　　控制由 USS 控制

P1000＝5　　　　　　频率由 USS 控制

P1120＝2s　　　　　 变频器加速时间设置为 2s

P1121＝2s　　　　　 变频器减速时间设置为 2s

P2000＝50　　　　　 串行链接参考频率

P2009＝0　　　　　　设置 USS 规格化

P2010＝6　　　　　　通信波特率设置为 9600Kps

P2011＝3　　　　　　变频器地址

P2014＝3　　　　　　串行链接超时，通信失败（F0070）时关断变频器

P0971＝1　　　　　　保存 MM420 参数到 EEPROM

步骤三 S7-200 控制程序编写

变频器无级调速 USS 通信程序如图 9-9 所示。注意在编译程序之前，选择程序块→库存储区→建议地址，选择 V 存储区的地址后确定退出，否则编译将报故障。在网络 1 中，在第一个扫描周期中用 SM0.1 调用 USS 初始化 USS_INIT，输入参数 Mode 为 1，启动 USS 通信协议，波特率为 9600bps，输入参数 Active 为 8（二进制数为 2♯1000），所以网络上激活的从站地址为 3。在网络 2 中，用 SM0.0 调用主站初始化程序 USS_CTRL，在每个扫描周期都执行此程序。按下启动按钮 I0.0 时，变频器启动电动机，松开启动按钮 I0.0 时，变频器根据斜坡减速时间停止电动机；按下急停按钮 I0.2 时，变频器立即停止电动机；按下故障复位按钮 I0.5 时，复位变频器故障。按下方向选择按钮 I0.1 时，变频器驱动电动机正转；松开方向选择按钮 I0.1 时，变频器驱动电动机反转。输入参数 Drive 为 3，说明变频器的 USS 从站地址为 3，输入参数 Type 为 1，说明变频器属于 MM4 系列。运行指示 Q0.0 填写在输出参数 Run_En 的位置上，指示变频器的运行状态。故障指示 Q0.1 填写在输出参数 Fault 的位置上，指示变频器是否有故障。在网络 3 中，利用 SM0.5 产生 1s 的脉冲。在网络 4 中，按下加速按钮时，设定速度 VD0 每秒增加 1Hz，最大增加至 50Hz，当按下减速按钮时，设定速度 VD0 每秒减小 1Hz，最小减小至 0Hz。

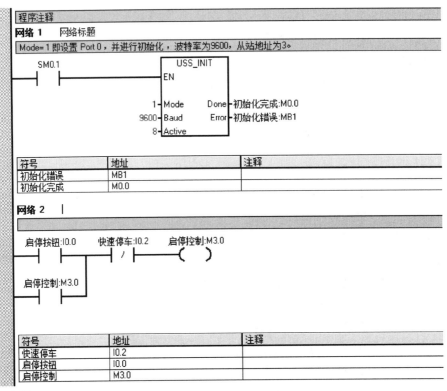

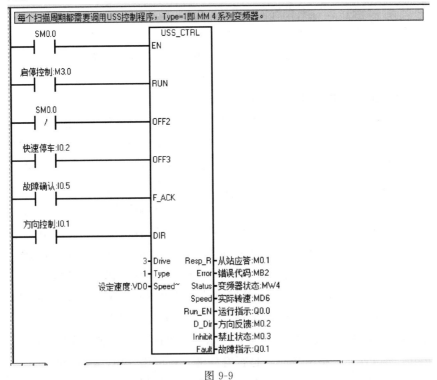

图 9-9

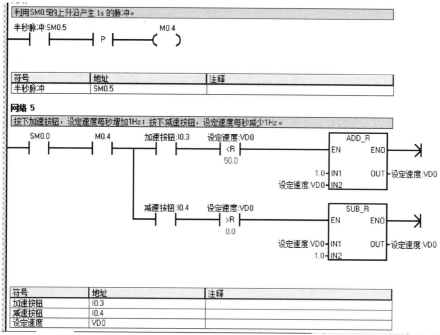

图 9-9　变频器无级调速 USS 通信程序

【项目评价】

项目内容	考核要求	配分	评分标准	扣分	得分
电路设计正确	1.I/O分配表正确 2.外部接线图正确 3.主电路正确 4.联锁、保护齐全	30	1.分配表每错一处扣5分 2.外部接线图，错一处扣5分 3.主电路错一处，扣5分 4.联锁、保护，每缺一项扣5分 5.不会设置及下载分别扣5分		
安装接线正确	1.元件选择、布局合理，安装符合要求 2.布线合理美观	10	1.元件选择、布局不合理，扣3分/处,元件安装不牢固，扣3分/处 2.布线不合理、不美观，扣3分/处		
PLC编程调试成功	1.程序编制实现功能 2.操作步骤正确 3.接负载试车成功	30	1.连线接错一根，扣10分 2.一个功能不实现，扣10分 3.操作步骤错一步，扣5分 4.显示运行不正常，扣5分		
职业操守	1.安全、文明生产 2.具有良好的职业操守	5	故意损坏设备器件，扣5分		
团队合作	1.服从组长的工作安排 2.按时完成组长分配的任务 3.热心帮助小组其他成员	5	1.小组分工明确加5分 2.小组团结协作完成任务加5分		
小组汇报	1.小组汇报准备充分 2.汇报语言条理清晰 3.任务完成过程汇报完整	10	1.准备充分加4分 2.条理清晰加3分 3.任务完成过程汇报完整3分		
任务实施记录	1.结构完整，内容翔实 2.书写工整	10			
考评员签字：　　　　　年　月　日			成绩：		
自我评价(总结与提高)					

请总结你在整个任务完成过程中做得好的是什么？还有什么不足？有何打算？

【练习与思考】

9.1　两台 S7-200 CPU 实现 PPI 网络通信。控制要求：主站（站地址为 2）通过 I0.0、I0.1、I0.2 控制从站（站地址为 3）电动机的正反转、停止；从站（站地址为 3）的 I0.3、I0.4、I0.5 控制主站（站地址为 2）电动机的正反转、停止。

9.2　基于文中例程，要求利用 S7-200 编程软件中的 USS 库建立 PLC 与 MM440 之间的通信，并通过通信读取变频器的运行参数，包括变频器电压、电流、频率。

项目十

温度的PID控制

你知道吗?

在实现自动化生产的过程中，需要用 PLC 处理各种物理量，例如压力、温度、速度、转速及黏度等，这些都属于模拟量。在本项目中，将通过"温度的 PID 控制"来学习模拟量控制及 PID 编程的相关知识。

初识 S7-200PLC 中
的模拟量控制

知识目标

① 掌握模拟量模块相关知识。

② 掌握模拟量信号的编程方法。

技能目标

① 会模拟量模块的接线方法。

② 掌握模拟量信号的处理方法。

③ 了解 PID 调节的含义并掌握编程方法。

任务一 温度上下限报警控制

【任务描述】

通过模拟量模块 EM235 实现对模拟量输入信号温度进行处理，并对其上下限极限值进行控制。

【相关知识】

一、模拟量的存储和转换

（1）模拟量在 PLC 中的控制

如图 10-1 所示，生产过程中，各种物理量经传感器测量，通过变送器将其转换成标准的电压或电流信号，例如 ±10V、0～10V、4～20mA 等。然后将这些信号传输到模拟量输入模块，由模拟量输入模块上的模数转换 ADC 来执行模拟信号到数字信号的转换，这样就能在 PLC 的 CPU 中进行处理了。转换结果会存储在结果存储器中，可用"MOVW AIW0，VW10"指令读取转换后的模拟量值。同理，用户程序得到的模拟量值通过指令"MOVW VW12，AQW0"写入模拟量输出模块，再由模块上的数模转换器转换成标准的电压或电流信号去控制执行器。

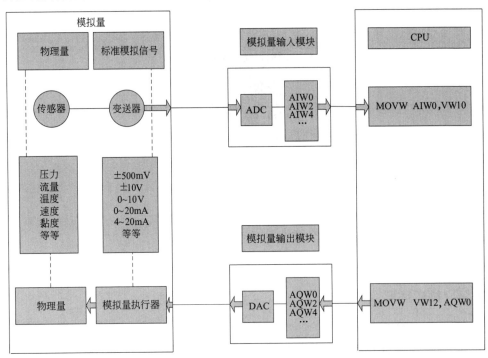

图 10-1 模拟量在 PLC 中的处理流程

（2）模拟量的存储

模拟量输入存储区用 AI 表示，模拟量输出存储区用 AQ 表示。模拟量输入以 AIW0 为例，AI 为模拟量输入区域标识符，W 为访问数据长度，0 为起始字节地址。模拟量输出以

AQW2 为例，AQ 为模拟量输出区域标识符，W 为访问数据长度，2 为起始字节地址。需要注意：模拟量输入值为只读数据，模拟量输出值为只写数据，由于模拟量存储地址是一个字长，并且从 0 开始，因此地址都为偶数，要记住高地址低字节的存储规律。

（3）模拟量的转换

在 S7-200 CN PLC 中，单极性全量程输入的模拟量，如直流 0～10V、0～20mA 对应的数字量范围为 0～+32000；双极性全量程输入的模拟量，就是带有正负号输入的标准电压或电流信号，如直流－10～+10V，对应的数字量范围为－32000～+32000。

所控制的模拟物理量上下限和标准电压电流信号上下限以及转换后数字量的上下限是成线性对应关系的，可以通过数学公式表示出来。想要实现整数转换成某种介于上下限的物理单位的实数时用公式一，想要实现将介于上下限的物理单位的实数对应成整数时用公式二。

公式一：$OUT=[(IN-K1)/(K2-K1)]*(HI\_LIM-LO\_LIM)+LO\_LIM$

公式二：$OUT=[(IN-LO\_LIM)/[HI\_LIM-LO\_LIM*(K2-K1)+K1]$

其中，当输入值为 BIPOLAR 时，$K1=-32000$，$K2=+32000$；当输入值为 UNIPOLAR 时，$K1=0$，$K2=32000$。

二、模拟量扩展模块

（1）S7-200 PLC 的模拟量扩展模块

① 标准模拟量扩展模块

输入模块	EM231	4AI
输出模块	EM232	2AO
输入/输出模块	EM235	4AI/1AO

这些扩展模块的输入/输出都是标准模拟量信号。

② 模拟量输入模块 EM231 的量程

单极性电压：0～10V，0～5V。

双极性电压：±5V，±2.5V。

电流：0～20mA。

量程用模块上的 DIP 开关来设置。

③ 模拟量输出模块 EM232 的输出量程

电压输出：±10V。

电流输出：0～20mA。

D/A 转换精度：提供 12 位的 D/A 转换器。

功能：实现 D/A 转换，将 PLC 输出的数字信号转化成连续变化的模拟量信号，驱动负载。

④ 模拟量输入/输出模块 EM235 的特性　EM235 具有 4 模拟量输入通道、1 个模拟量输出通道，其常用技术参数如表 10-1 所示。

EM235 中的 6 个 DIP 开关决定了所有的输入设置，也就是说开关的设置应用于整个模块，并且开关的设置只有在重新上电后才能生效。EM235 输入设置 DIP 拨码开关如表 10-2 所示。

表 10-1　EM235 常用技术参数表

模拟量输入特性	
模拟量输入点数	4
输入范围	电压（单极性）0～10V，0～5V，0～1V，0～500mV，0～100mV，0～50mV
	电压（双极性）±10V，±5V，±2.5V，±1V，±500mV，±250mV，±100mV，±50mV，±25mV
	电流 0～20mA
数据字格式	双极性　全量程范围－32000～＋32000
	单极性　全量程范围 0～32000
分辨率	12 位 A/D 转换器
模拟量输出特性	
模拟量输出点数	1
信号范围	电压输出±10V
	电流输出 0～20mA
数据字格式	电压－32000～＋32000
	电流 0～32000
分辨率电流	电压 12 位
	电流 11 位

表 10-2　EM235 输入设置 DIP 拨码开关表

单极性						满量程输入	分辨率
SW1	SW2	SW3	SW4	SW5	SW6		
ON	OFF	OFF	ON	OFF	ON	0～50mV	12.5μV
OFF	ON	OFF	ON	OFF	ON	0～100mV	25μV
ON	OFF	OFF	OFF	ON	ON	0～500mV	125μA
OFF	ON	OFF	OFF	ON	ON	0～1V	250μV
ON	OFF	OFF	OFF	OFF	ON	0～5V	1.25mV
ON	OFF	OFF	OFF	OFF	ON	0～20mA	5μA
OFF	ON	OFF	OFF	OFF	ON	0～10V	2.5mV
双极性						满量程输入	分辨率
SW1	SW2	SW3	SW4	SW5	SW6		
ON	OFF	OFF	ON	OFF	OFF	±25mV	12.5μV
OFF	ON	OFF	ON	OFF	OFF	±50mV	25μV
OFF	OFF	ON	ON	OFF	OFF	±100mV	50μV
ON	OFF	OFF	OFF	ON	OFF	±250mV	125μV
OFF	ON	OFF	OFF	ON	OFF	±500	250μV
OFF	OFF	ON	OFF	ON	OFF	±1V	500μV
ON	OFF	OFF	OFF	OFF	OFF	±2.5V	1.25mV
OFF	ON	OFF	OFF	OFF	OFF	±5V	2.5mV
OFF	OFF	ON	OFF	OFF	OFF	±10V	5mV

（2）输入输出数据字格式

图 10-2 给出了 12 位数据值在 CPU 的模拟量输入字中的位置。由图可知，模拟量到数字量转换器的 12 位读数是左对齐的。最高有效位是符号位，0 表示正值。在单极性格式中，3 个

图 10-2 输入数据字格式

连续的 0 使模拟量到数字量转换器每变化 1 个单位，数据字则以 8 个单位变化。在双极性格式中，4 个连续的 0 使得模拟量到数字量转换器每变化 1 个单位，数据字则以 16 为单位变化。

图 10-3 给出了 12 位数据值在 CPU 的模拟量输出字中的位置，数字量到模拟量转换器的 12 位读数在其输出格式中是左对齐的，最高有效位是符号位，0 表示正值。

图 10-3 输出数据字格式

（3）模拟量扩展模块的寻址

每个模拟量扩展模块，按照其先后顺序进行排序，其中，模拟量根据输入、输出不同分别排序。模拟量的数据格式为一个字长，所以地址必须从偶数字节开始。例如，AIW0，AIW2，AIW4……，AQW0，AQW2……。每个模拟量扩展模块至少占两个通道，即使第一个模块只有一个输出 AQW0，第二个模块模拟量输出地址也应从 AQW4 开始寻址，以此类推。

三、EM235 模块接线方式（图 10-4）

【任务实施】

步骤一　EM235 拨码开关设置

采用 EM235 模块进行模拟量的采集。该模块的第一个通道连接 0～10V 变送输出的温度显示仪表，该仪表量程设置为 0～100℃，即 0℃时输出 0V，100℃时输出 10V。根据表 10-2，6 个拨码开关 SW1～SW6 的状态为：OFF/ON/OFF/OFF/OFF/OFF/ON。

步骤二　控制工艺要求

对锅炉的炉温进行控制。需要控制的温度上、下限分别为 80℃和 30℃，当温度高于 80℃时红灯以 1Hz 频率闪烁，当温度低于 30℃时黄灯以 1Hz 频率闪烁。

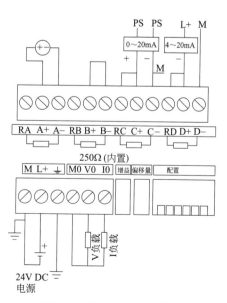

图 10-4 EM235 模块接线图

步骤三　主要程序设计

根据控制工艺要求，程序如图 10-5 所示。

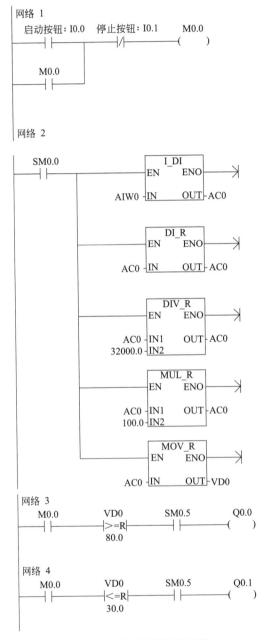

图 10-5　温度报警控制程序

任务二　生产线皮带速率控制

【任务描述】

通过 S7-224 XP PLC 模拟量输出，实现生产线皮带不同速率的控制。

【相关知识】

一、S7-224 XP 模拟量输出的接线方式（图10-6）

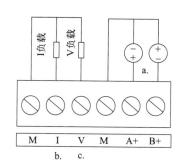

图 10-6　S7-224 XP 模拟量接线图

二、模拟量输出的编程方法

CPU224XP CN 有一路模拟量输出，信号格式有电压和电流两种。电压信号范围是 0～10V，电流信号是 0～20mA，在 PLC 中对应的数字量满量程都是 0～32000。如果使用输出电压模拟量，则接 PLC 的 M、V 端，电流模拟量则接 M、I 端。本任务采用电压信号，那如何把触摸屏给定的频率转化为模拟量输出？

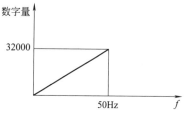

图 10-7　频率和数字量关系

变频器频率和 PLC 模拟量输出电压成正比关系。模拟量输出是数字量通过 D/A 转换器转换而来，模拟量和数字量也成正比关系，因此频率和数字量是成正比关系，如图 10-7 所示。由图可知，只要把触摸屏给定的频率×640 作为模拟输出即可。

【任务实施】

步骤一　任务分析

① 设备的工作目标是完成对白色芯金属工件、白色芯塑料工件和黑色芯的金属或塑料工件进行分拣。

② 设备上电和气源接通后，工作单元的三个气缸均处于缩回位置。

③ 若设备准备好，按下启动按钮，系统启动。当传送带入料口人工放下已装配的工件时，变频器即启动，驱动传动电动机以需要频率的速度，把工件带到分拣区域。

④ 如果在运行期间按下停止按钮，则完成一个工作周期后停止运行。

步骤二　制定 I/O 分配表

根据控制要求，PLC 选用 S7-200-224XP CN AC/DC/RLY 主单元，共 14 点输入和 12 点继电器输出。选用 S7-200-224 XP 主单元的原因是：输入输出点数够用，并且自带模拟量处理功能。本任务中用输出模拟量对变频器进行控制，进而实现电动机速率的调整。具体输入输出点如表 10-3 所示。

表 10-3　生产线皮带速率控制的 I/O 分配表

输入信号				输出信号			
序号	PLC 输入点	信号名称	信号来源	序号	PLC 输出点	信号名称	信号输出目标
1	I0.0	旋转编码器 A 相		1	Q0.0	电动机启停控制	变频器
2	I0.1	旋转编码器 B 相		2	Q0.1		
3	I0.2	旋转编码器 Z 相		3	Q0.2		
4	I0.3	入料口工件检测		4	Q0.3		
5	I0.4	光纤传感器检测	装置侧	5	Q0.4	推料 1 电磁阀	
6	I0.5	金属传感器检测		6	Q0.5	推料 2 电磁阀	
7	I0.6			7	Q0.6	推料 3 电磁阀	
8	I0.7	推杆 1 推出到位		8	Q0.7		
9	I1.0	推杆 2 推出到位		9	Q1.0		
10	I1.1	推杆 3 推出到位		10	Q1.1		
11	I1.2	启动按钮	按钮/指示	11	V	电压信号模拟量输出	变频器
12	I1.3	停止按钮	灯模块	12	M	公共端	变频器

变频器选用的是西门子 MM420，需要注意变频器相关参数的设置，命令源 P0700＝2（外部 I/O），选择频率设定的信号源参数 P1000＝2（模拟量输入）。

步骤三　设计外部接线图（图 10-8）

图中的 V 和 M 分别接变频器的模拟量输入端。

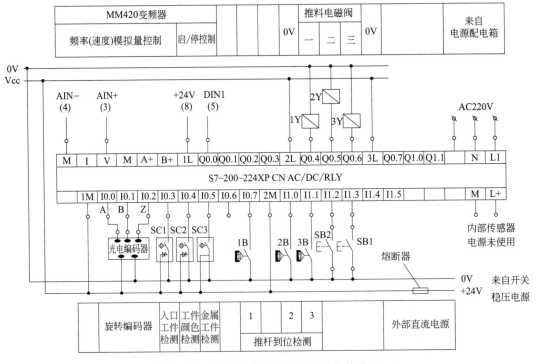

图 10-8　生产线皮带速率控制的外部接线图

步骤四 编制 PLC 程序

由分拣控制工艺，程序可以由一个主程序和一个子程序构成。编程的难点为分拣控制的 SFC 选择分支和模拟量的 A/D 转换，分别如图 10-9 和图 10-10 所示。其他部分程序由读者自行编写。

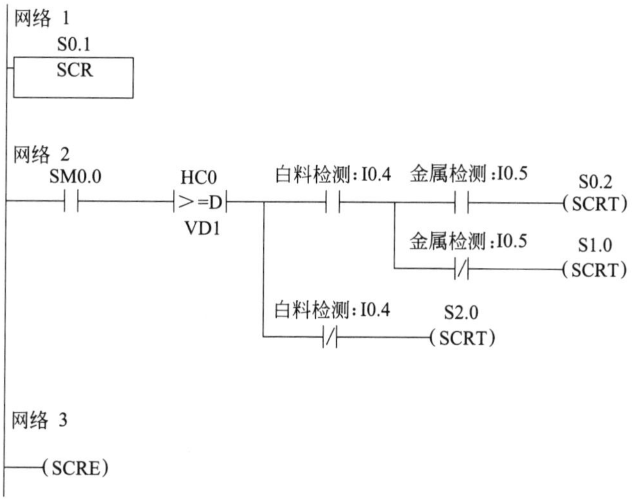

图 10-9　分拣控制 PLC 程序

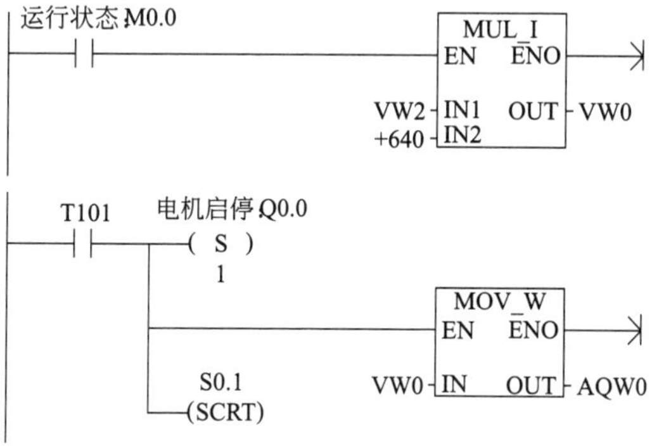

图 10-10　模拟量输出 PLC 程序

任务三　温度的 PID 控制

【任务描述】

要实现某温室的温度恒定在满量程的 80%，对温度实现 PID 调节，温度量程为 0～100℃，由温度传感器进行检测，仪表输出信号为 0～20mA，由 EM235 模块实现模拟量的输入和输出。

【相关知识】

一、PID 参数

在工业生产过程控制中，模拟量 PID（由比例、积分、微分构成的闭合回路）调节是常用的一种控制方法。运行 PID 控制指令，S7-200 根据参数表中的输入测量值、控制设定值及 PID 参数，进行 PID 运算，进而求得输出控制值。PID 控制回路参数如表 10-4 所示。

表 10-4　PID 控制回路参数表

参数	地址偏移量	数据格式	I/O 类型	描述
过程变量当前值 PV_n	0	双字,实数	I	过程变量:0.0~1.0 之间的标准化实数
给定值 SP_n	4	双字,实数	I	给定值:0.0~1.0 之间
输出值 M_n	8	双字,实数	I/O	输出值:0.0~1.0 之间
增益 K_c	12	双字,实数	I	比例常数:可正、负
采样时间 T_s	16	双字,实数	I	单位为秒,正数
积分时间 T_i	20	双字,实数	I	单位为分钟,正数
微分时间 T_d	24	双字,实数	I	单位为分钟,正数
积分项前值 M_x	28	双字,实数	I/O	积分项前值:0.0~1.0 之间
过程变量前值 PV_{n-1}	32	双字,实数	I/O	最近一次 PID 变量值:0.0~1.0 之间

二、典型的 PID 算法

典型的 PID 算法包括三项：比例项、积分项和微分项。即：

$$输出＝比例项＋积分项＋微分项$$

计算机在周期性地采样并离散化后进行 PID 运算，算法如下：

$$M_n＝K_c×(SP_n－PV_n)＋K_c×(T_s/T_i)×(SP_n－PV_n)＋M_x＋$$
$$K_c×(T_d/T_s)×(PV_{n-1}－PV_n)$$

三、PID 回路输入量的转换和标准化

给定值和过程变量都是实际数值，在 PLC 进行 PID 控制之前需要将其标准化：

① 将回路输入量数值从 16 位整数转换成 32 位浮点数或实数；

② 将实数转换成 0.0~1.0 之间的标准化数值。

四、PID 回路输出转换为成比例的整数

PID 回路输出 0.0~1.0 之间的标准化实数数值，必须被转换成 16 位成比例整数数值，才能驱动模拟输出。

PID 回路输出成比例实数数值＝(PID 回路输出标准化实数值－偏移量)×取值范围

五、向导实现 PID 控制

单击"工具"中的"指令向导"，弹出如图 10-11 所示对话框。选择 PID，然后根据向导的界面，确定回路号及参数值，建立满足控制要求的 PID 子程序（图 10-12～图 10-16）。

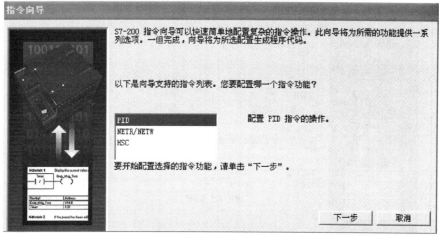

图 10-11　PID 指令向导对话框 1

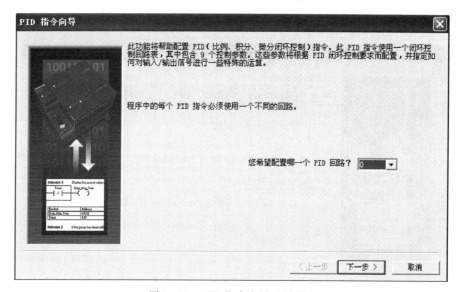

图 10-12　PID 指令向导对话框 2

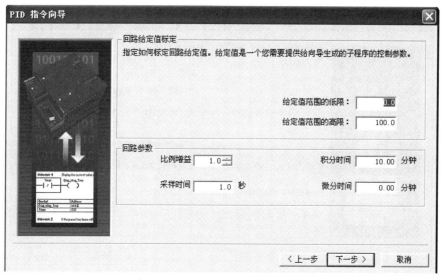

图 10-13　PID 指令向导对话框 3

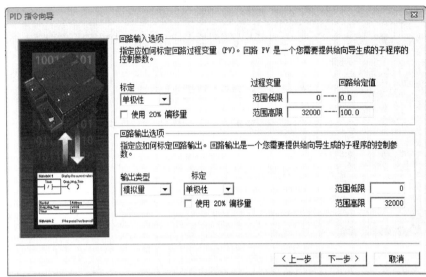

图 10-14　PID 指令向导对话框 4

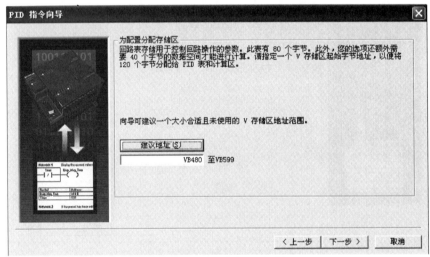

图 10-15　PID 指令向导对话框 5

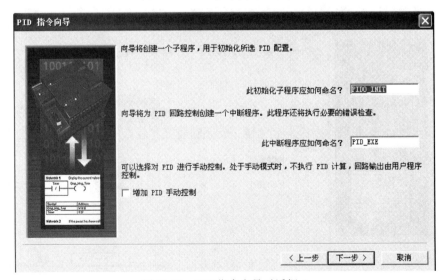

图 10-16　PID 指令向导对话框 6

【任务实施】

步骤一　PID回路参数表

根据控制任务制定PID回路参数表，如表10-5所示。

表10-5　温度PID控制参数表

地址	参数	数值
VD200	PVn	标准化数值
VD204	SPn	0.8
VD208	Mn	回路输出值
VD212	Ke	0.3
VD216	Ts	0.1
VD220	Ti	30
VD224	Td	0
VD228	Mx	根据PID运算结果更新
VD232	PVn−1	最近一次PID变量值

步骤二　符号表的设置

根据控制要求，模拟量输入为AIW0，模拟量输出为AQW0。符号表如表10-6所示。

表10-6　符号表

符号	地址	符号	地址
设定值	VD204	微分时间	VD224
回路增益	VD212	控制量输出	VD208
采样时间	VD216	检测值	VD200
积分时间	VD220		

步骤三　PID控制程序

PID控制的主要程序如图10-17所示。

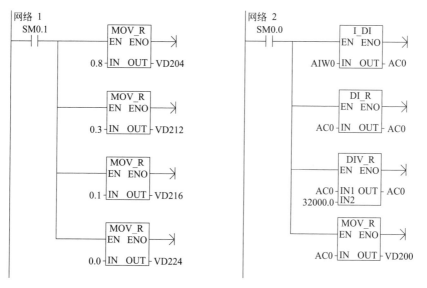

图10-17

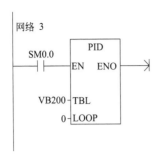

图 10-17 PID 控制主要程序

【项目评价】

项目内容	考核要求	配分	评分标准	扣分	得分
电路设计正确	1.I/O 分配表正确 2.外部接线图正确 3.主电路正确 4.联锁、保护齐全	30	1.分配表,每错一处扣 5 分 2.外部接线图,错一处扣 5 分 3.主电路,错一处扣 5 分 4.联锁、保护,每缺一项扣 5 分 5.不会设置及下载分别扣 5 分		
安装接线正确	1.元件选择、布局合理,安装符合要求 2.布线合理美观	10	1.元件选择、布局不合理,扣 3 分/处,元件安装不牢固,扣 3 分/处 2.布线不合理、不美观,扣 3 分/处		
PLC 编程调试成功	1.程序编制实现功能 2.操作步骤正确 3.接负载试车成功	30	1.连线接错一根,扣 10 分 2.一个功能不实现,扣 10 分 3.操作步骤错一步,扣 5 分 4.显示运行不正常,扣 5 分		
职业操守	1.安全、文明生产 2.具有良好的职业操守	5	故意损坏设备器件,扣 5 分		
团队合作	1.服从组长的工作安排 2.按时完成组长分配的任务 3.热心帮助小组其他成员	5	1.小组分工明确加 5 分 2.小组团结协作完成任务加 5 分		
小组汇报	1.小组汇报准备充分 2.汇报语言条理清晰 3.任务完成过程汇报完整	10	1.准备充分加 4 分 2.条理清晰加 3 分 3.任务完成过程汇报完整 3 分		
任务实施记录	1.结构完整,内容翔实 2.书写工整	10			
考评员签字: 年 月 日			成绩:		
自我评价(总结与提高)					
请总结你在整个任务完成过程中做得好的是什么?还有什么不足?有何打算?					

【练习与思考】

10.1 有一个水箱如图 10-18 所示，带有进水管和出水管，进水管的水流量随时间不断变化，要求控制出水管阀门的开度，使水箱内的液位始终保持在水箱满水位的 50%。用液位计检测水位高度。

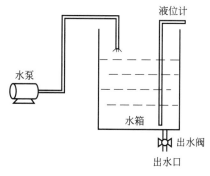

液位计

水泵

水箱

出水阀

出水口

图 10-18

10.2 将上题用 PID 指令向导实现控制。

参考文献

[1] 史宜巧，侍寿永.PLC 应用技术（西门子）.北京：高等教育出版社，2016.

[2] 阳胜峰，吴志敏.西门子 PLC 与变频器、触摸屏综合应用教程.北京：中国电力出版社，2013.

[3] 刘子林.电机拖动及控制技术.北京：电子工业出版社，2008.

[4] 杜增辉，孙克军.图解步进电机与伺服电机的应用.北京：化学工业出版社，2016.

[5] 郭明良.电气控制与西门子 PLC 应用技术.北京：化学工业出版社，2018.

[6] 廖常初.PLC 编程及应用.北京：机械工业出版社，2005.

[7] 张万忠.可编程控制器应用技术.第四版.北京：化学工业出版社，2016.

[8] 齐占庆，王振臣.电气控制技术.北京：机械工业出版社，2002.

[9] 李道霖.电气控制与 PLC 原理及应用.北京：电子工业出版社，2004.

[10] 史国生.电气控制与可编程控制器技术.第四版.北京：化学工业出版社，2019.